地球と共生するビジネスの先駆者たち

いま、悲鳴をあげる地球に、
元気と未来を届ける！

ブレインワークス編著

カナリアコミュニケーションズ

はじめに

地球と共生する経営の時代へ

日本の企業と経営者の変化

私が創業したのは23年前のことである。当時はバブル経済の崩壊と共に日本は経済的な勢いを失いつつある時期にさしかかっていた。あの頃から比べると、日本の企業経営の環境も大きく変化してきた。特に、企業支援やビジネスプロデュースの現場で多くの経営者とお付き合いしていて実感する。それは、経営者自身の意識の変化でもある。

創業時から中小企業の支援に軸足を置きつつ、大企業やベンチャー企業ともかかわりが多かった。最近はシニア経営者や女性経営者、ベトナムを中心とした海外の経営者とのお付き合いも増えた。このようなビジネス活動の中で実感するのは、社会貢献や公益性を重視する経営、在宅ワークをベースにしたビジネスモデルの本格的登場、地域経済に寄与するスモールビジネスをテーマにした起業など、多様な価値観が多く生まれてきた点である。おそらく、これはかつて渋沢栄一が唱えた「論語と算盤」を実践しようとする経営者が増えている証左ではないだろうか。現代風に言い替えれば、「ロマンとソロバン」といえよう。道徳と利益の両立を唱えた渋沢栄一は明治時代の革命期に活躍したが、彼の言う経営における論語の必要性がことさら求められる時代が再び到来しているのだろう。

今、大企業はめまぐるしく変化する経営環境に適応できずに苦しんでいる。もちろん、中小企業の方がその変化に翻弄されやすい。そんな中でも、会社の規模は小さくとも、理念を掲げ、「ロマンとソロバン」の両立を目指す経営者の存在感が増している。そして、今はＩＣＴの恩恵もあり、誰もが世界とつながることができる。こんな時代だからこそ、小さな単位で始まった大きな変革の芽が加速度的につながり、地球規模での連続的なイノベーションが始まろうとしているのではないだろうか。

新興国の経営者から学んだこと

私は創業と同時に、新興国であるアジア諸国とのビジネスを始めた。近隣の中国、韓国、台湾を皮切りに、今ではベトナムを中心とする東南アジアでのビジネス活動が当社の強みにもなっている。そして、地球最後のフロンティアであるアフリカでも3年前にビジネス活動を開始した。この約20年余りの間に、私は、新興国の経営者からとても多くの刺激と学びをもらった。簡潔に言うと、日本の現代の経営者よりも地球のことを意識している経営者が遥かに多いのである。仮に地球全体のことに意識は及んでいなくても、経営者として捉えているビジネスの機会が、日本の経営者よりも、かなり地球寄りなのである。それはどの新興国にとっても基幹産業としてとても重要な第1次産業であるし、環境問題、温暖化問題、水資源問題など、すべてが地球環境の保全に直結するテーマばかりである。

それに加えて、世は情報社会である。情報が正しく伝われば伝わるほど、先進国の日本から学びたいという願望は高まる一方、日本の欠点や弱点が反面教師として彼らに衝撃的に伝わりつつある。例えば、日本の農業の深刻さは顕著だ。かつて工業化、経済発展を急ぎすぎたばかりに、農業産業の衰退を招き、地球規模での食糧不足の到来を前に、遅きに失した感のある農業の再興への取り組みの様子が伝わり、残念ながらすでに日本は農業においても新興国の反面教師となっている。したがって、新興国の経営者が自国の将来の発展にとって何が重要か、その判断を誤ることはないだろう。

そんな彼らと接する中で、自然と私も地球を考える機会がとても多くなった。人間の生活にとっての地球とは？　経済活動にとっての地球とは？　未来の子供たちに残していく地球とは？　問題意識が高まってきた。

現代の企業経営は右肩上がりの高度経済成長時代とは違って、先行き不透明な中、常に変化への適応に迫られていると痛感している。その理由は言うまでもなく、日本国内で見れば、高齢化、少子化の影響が一番大きいが、もっと視野を広げてみれば、地球規模で経営環境が大きく変わってきているからにほかならない。例えば、経済の規模で見てみよう。

アメリカのＧＤＰの推移を俯瞰すると分かりやすい。１９２９年（昭和4年）のアメリカのＧＤＰは約８４４３億ドルである。２０１６年にはこれが18兆５６９１億ドルまで拡大している。20倍以上にも経済規模が膨れ上がっているのだ。世界主要国は規模の差はあれど、この約１００年間で皆一様に大きな経済成長を遂げている。

それに比例して世界の人口も爆発的に膨れ上がっている。今から約１００年前にあたる１９１３年（大正2年）の世界人口は約18億人。それが現在では70億人を突破した。世界全域で均等に人口が増加したのかというとそうではなく、経済発展が伴わない貧しい地域の人口が増え続けている。前出の１９１３年からの比較でいえばアジア地域は約4倍、アフリカ地域は約5倍である。この経済と人口のアンバランス化の進行が世界各国の格差を生み出す要因となっている。

20世紀はまさに欧米や日本が中心となり、世界経済の規模を拡大していくことに躍起だった時代といえる。しかし、なぜ世界主要国が劇的に経済規模を拡大できたのか？　それは産業革命以降の生産現場における機械化とその機械を動かし続けるエネルギーの大量消費にほかならない。また、第1次産業の現場においてはいかに効率的に食糧を安定的に生産し、保存できるかの試みが続けられた。その結果、農薬はもちろん数多くの添加物が登場し、爆発的な消費拡大の土台を支えることになった。

モノが不足しているから企業が大量に生産し、それを使った生活者がさらにモノを求める時代であった。だからこそ、主要国の企業もそれを満たすためにエネルギーや資源を大量に使い、大地に大量の農薬を散布することを厭わなかった。それが生活者の消費に応える最適な手段と信じて疑わなかった時代である。

しかし、そのことが何をもたらしたか？

結果として地球が悲鳴を上げ出したのだ。地球温暖化、土壌汚染、河川汚染、公害など多くの問題が20世紀後半に噴出した。地球だけではない。人間の健康にも多大なる影響を及ぼし始めていることを世界中の人々がようやく知るようになる。そして、21世紀に入るとアジア、アフリカ地域が急速に経済発展が目覚しくなる。そうなると、地球も人間ももっと深刻な事態に直面する。このスピードで経済と人口が膨張し続ければ、悲鳴どころか、本当に壊れて無くなってしまうかもしれない。飽くなき拡大ゲームはどこかで終止符を打たなければならない。そのことに気づいた経営者が「ロマンとソロバン」を標榜し活動を始めているのだと思う。

地球と共生する経営

世界各国がそれぞれ覇を競い、経済規模拡大に躍起になっていたのが20世紀であるといえる。そのためには地球環境を気にせず、もっといえば地球を少しぐらい犠牲にしてでも成長しようという思考が蔓延していたかもしれない。日本においても、汚染物を河川に垂れ流し、大気に煤煙や排気ガス等を撒き散らした結果、大きな公害問題を引き起こしていた。これは地球資源は無限だとしか見ていなかった証左ともいえよう。

本書のタイトルにもある「地球と共生」とはどういうことであろうか? 登場する10名の話を熟読いただければ、その答えはおのずと出てくると思われる。地球は私たち人間が生活を営む土台ともいえる環境であり資源である。人間が無尽蔵に資源を使い、生産し、消費し、廃棄を行う。20世紀はそのサイクルで地球自身に大きなダメージを与え続けた時代だったのだ。人口が増え、消費が増えれば、経済発展に寄与するし、ミクロな視点でいえば、ひとつの企業の繁栄にもつながる。

結果、すでに地球は悲鳴を上げている。

地球の環境問題を経営と一体化して考える時代が到来しているといえよう。モノを作るにも、モノを販売するにも、すべて地球資源があるから成立するわけである。この考えをすべての経営者が持つべき時代ともいえよう。その視点で考えれば、多くの環境問題に対峙してきた課題先進国・日本は世界に多くの貢献ができるはずだ。

本書の10人の旗手は、地球との共生を深く考え、悩み、そして行動に移している方々である。私たちの海外ビジネスセミナーなどで登壇いただいている会宝産業株式会社の近藤典彦会長の唱える「静脈産業」の概念は、まさに地球と共生する企業経営を理解する上で最適な事例だと考えている。先進国が富の繁栄の象徴で生産し続けた自動車が途上国や新興国で中古車として出回っていることは、多くの方もご存知だろう。このこと自体は、まだ使えるものの再利用、つまりリサイクルの概念としてとても有意義なことである。しかし、もう一方から考えると、途上国や新興国に自動車というゴミを押し付けているという構図にも映る。もちろん、中古車を利用する途上国や新興国はそんなことは思わないだろう。

しかし、やがてその自動車が廃棄される時、その適切な処理方法や仕組みが存在しなければ、また地球環境にダメージを与え続けることになる。つまり、中古車輸出というリサイクルビジネスが結果として地球環境にさらなるダメージを与える要因を生み出すことになるのだ。１００年前であればこんなことは考えなくてもよかっただろう。しかし、現代は経済も人的交流も世界がひとつにつながっている。だからこそ、地球規模で考えれば、この一事は大変重要な意味を持つ。つくることばかりを考えていた（動脈産業）時代から適切に廃棄処理し、資源を有効活用する観点で地球に戻す（静脈産業）時代への移行である。企業経営の思考を変える必要に迫られているのだ。

長年企業経営の支援をビジネスの軸にしてきた私も、実は創業期には古着のリサイクル業を営んでいた。これは私の幼少期に体験してきた「もったいない精神」から立ち上げた事業だった。残念ながら起業から一年後に阪神大震災に遭遇し、その事業自体は断念せざるを得なくなった。正直、当時の私は今ほど地球環境を意識して事業を推進していたわけではない。しかし、この本で紹介する10人の方々と必然的に出会うことになったのは、「地球は有限である、地球資源を有効活用したい」というＤＮＡが宿っていたからだと思う。

個人の生き方も変わる時代へ

人間は企業活動だけでなく個人の生活においても、地球との共生を考える必要がある時代がやってきていると思う。私たち生活者一人ひとりが〝もったいない精神〟を持ち、地球の資源は有限であり、だからこそ地球資源から得たものは出来るだけ地球に戻す意識と行動が大切になる。食糧に関しても日本の食品ロスの問題は知る人はまだ少ないが、実はとても深刻な問題である。日本は農業の問題を抱えながら、一方で食糧の3分の1は捨てているとてもアンバランスな国なのである。

また、世界的な平均寿命の劇的な伸びは嬉しいことであるが、反面、自然な人口増と相まって地球と人間にとって深刻な問題でもある。ちなみに、2065年には世界人口が100億人を超えると予測されている。すでに70億人を超えた段階で、世界は食糧問題を継続的に抱えているのである。これからの地球全体の食糧確保はとても深刻なのである。

この問題に限らず、人間の生活そのものが地球環境の破壊につながり、地球資源の浪費を加速する。今までのような人間の生活で地球にダメージを与え続けるなら、地球は予想より早く破壊されるかもしれない。人間が地球に一番ダメージを与えてきた存在であるが故に、私たち一人ひとりが責任をもって地球との共生を考えて生活する必要がある。

先進国では、人生100年時代を迎えようとしている。産業革命後約200年が経過して、今からが人間生活の大きなパラダイムシフトが必要な時期である。先進国の生活者は便利さと豊かさを追求し享受し続けてきた。しかし、これからは人間自身の意識革命、行動革命が必要となる時代だと思う。ＩＣＴに代表されるテクノロジーの劇的な変化に人間が適応する必要がある時代ともいえよう。人間が地球のことを大切に思い地球と共生して生活をする。それが人間らしさを取り戻すことにもつながる。

身近なところでも変化の予兆は多くある。私たちの生活の場、日本において考えてみると、労働力不足、地方の過疎化の課題に対して、すでに多くの試行錯誤が繰り返されている。しかし、私たちの生活や仕事のスタイルを変えないまま、この問題を解決することは不可能に思えるのだ。例えば、通信技術の進化に負うところが大きいが、働く環境は大きく変化しつつある。電車や自動車というエネルギーコストの大きな移動手段に頼ることなく、自宅や地方にいながら、様々な仕事ができる環境が整いつつある。テレワーキングと呼ばれるこの雇用形態が今後急速に広まっていくだろう。地球の資源を浪費しないという観点からみても、これはとても有意義なことである。

また、スマートシティ化による省エネルギーの生活環境を実現する取り組みも進んでいる。私たち日本人が世界のお手本になるビッグチャンスがやってきたのだ。地球と共生することを意識し行動しながら生活することは、何も特別なことではなく、本来、当たり前のことなのである。特に飽くなき欲の追求で浪費の限りを尽くしてきた先進国の生活者はそのことを心に留めるべきだろう。それに加えてするべきことは、このことを私たちが責任をもって、未来を担う子供たちにも教えていかなければならないのである。

本書がきっかけやヒントになり、地球を意識したビジネスや地球をテーマにした起業が増えることにつながれば幸いである。登場する10人の想いや理念を感じていただければと思う。

そして、「ロマンとソロバン」の経営に共感いただける方々に一読いただき、多くの議論や対話ができればこれに過ぎたる喜びはない。

２０１７年8月　株式会社ブレインワークス　近藤 昇

●目　次●　地球と共生するビジネスの先駆者たち

はじめに …… 2

地球と共生するビジネスの先駆者たち　第1話 …… 17
太陽光パネルでアフリカに希望の明かりを届ける
Kens. co 株式会社　代表取締役　川口　信弘　氏

地球と共生するビジネスの先駆者たち　第2話 …… 33
日本国内でのバイオディーゼル燃料普及のために闘う
株式会社レボインターナショナル　代表取締役　越川　哲也　氏

地球と共生するビジネスの先駆者たち　第3話 …… 49
水の星をスイスイ走る、世界最小の4人乗りＥＶ車の開発
株式会社ＦＯＭＭ　代表取締役ＣＥＯ　鶴巻　日出夫　氏

地球と共生するビジネスの先駆者たち　第4話 …… 63
人・自然を救うオルタナ・フーズ、ダチョウ肉の普及をめざす
Queen's Ostrich　創業者　加藤　貴之　氏

地球と共生するビジネスの先駆者たち　第5話 …… 77
ゴミをお金に変える！　持続可能な循環型社会に向けての挑戦
環境コンサルタント　株式会社シューファルシ　代表取締役　武本　かや　氏

地球と共生するビジネスの先駆者たち　第6話……93
地球環境を良くし、人々を健康にするオーガニック農業の創出
ハーモニーライフ農園　大賀　昌　氏

地球と共生するビジネスの先駆者たち　第7話……109
すべてのリサイクル業を協調して地球をきれいに美しく
会宝産業株式会社　近藤　典彦　氏

地球と共生するビジネスの先駆者たち　第8話……125
種はみんなのもの、次世代の子供たちのもの
社会企業家　ジョン・ムーア　氏

地球と共生するビジネスの先駆者たち　第9話……141
先進国と途上国をカーボンオフセットとＥＧＡＯでつなぐ
株式会社ＰＥＡＲカーボンオフセット・イニシアティブ
代表取締役　松尾　直樹　氏

地球と共生するビジネスの先駆者たち　第10話……157
吉野川から世界へ、自然と共生する営みの豊かさを発信
ＮＰＯ法人吉野川に生きる会　代表　島勝　伸一　氏

地球と共生するビジネスの先駆者たち　第1話

太陽光パネルでアフリカに希望の明かりを届ける

Kens.co 株式会社　代表取締役　川口 信弘 氏

屋根のノウハウを生かして太陽光パネル設置事業を開始

ナイジェリアの無電化の村に明かりを届けるために奮闘する「Kens.co 株式会社」は、九州の東西南北を結ぶ物流の要、佐賀県の鳥栖市にある。

多くの企業が物流の拠点を置いているこの町に、昭和5年に創業した川口スチール工業。工場や倉庫などの屋根の設計や施工を請け負う会社で、その3代目社長が川口信弘氏である。

地球温暖化が叫ばれる中、川口氏は屋根屋として何かできないかと、約10年前から屋根のノウハウを生かして、太陽光パネル設置を手掛け始めた。そのきっかけは、飛行機で上空から見た工場や倉庫の屋根である。「ほとんど遊んでいる工場や倉庫の上で電気を作って、その下で使ってはどうだろう?」と、電気を使う場所で電気を作ることを考えた。こうして、川口スチール工業は、２００８年から太陽光パネルの設置事業を開始し、２０１３年にソーラー発電や環境型事業「Kens.co 株式会社」を立ち上げたのである。

軽くて薄い太陽光パネル

産業用太陽光発電システムの販売・施工に参入するためには、大きな壁があった。それは、産業用屋根は従来の太陽電池パネルの重量に耐えられないということだった。そこで川口氏は、屋根のスペシャリストとしてのノウハウを活かすべく、強度が足りない屋根でも耐えられる太陽電池の開発と、重さが分散する設置システムの研究開発をスタート。川口氏が研究を進めてきた中で、パネルメーカーから紹介されたものが、「薄型の太陽光パネル」である。重さ1枚１kgと超軽量であり、ぐにゃぐにゃと曲がるその太陽光パネルの性質を活かし、形状の異なる屋根でも取り付け可能な技術を開発したのである。

その開発過程の裏では、様々なメーカーから「太陽光パネルは重くなければ飛んでいってしまう」と指摘されたが、川口氏は「重い太陽電池は地震などの災害時に凶器になる」と考え、あくまでも〝軽い太陽光電池〟にこだわって開発し続けた。

こうして、その太陽の力が川口氏を世界に突き動かすことになるのである。

佐賀から世界へ発信

２０１２年春、「わずかな発電量のこのパネルで、電気のないところに明かりのある生活を届けよう」と、インターネットで世界に発信。川口氏が考えたのは、太陽光パネルで昼間に発電、充電をし、それを夜使うというシステムである。日中約6時間の充電で夜間１００ｗの家電を4時間使用できる（例えば、電球1個、扇風機1台、小型テレビ1台で4時間分の発電量）。発電量が少ないため日本では需要がないが、「電気のない農村向けのシステムとして安定した発電が期待でき、雇用促進にもつながる」と世界にアピールした。

すると、開発途上国から問い合わせが来始めた。２０１２年11月には、エルハジ・モハメッド・ラミーヌトゥーレ駐日ギニア大使が川口スチール工業を訪問。それを受け、大使の訪問から5か月後、川口氏はギニアの町はずれの村を訪ねる。そこは電気が通っておらず、かまどで料理を作っている現実を見る。茅葺の屋根の上でも重さ２００ｇのこの太陽光パネルなら十分設置可能だと心が躍った。一方、町中の住宅街には、電線は通って発電はしているものの電気の量が足りず、都市部でもしばしば停電するという現状。そんな暗い生活の中でも屈託のない笑顔を浮かべる子供たちを見て、この子たちをもっと笑顔にしてあげたいと誓う。しかしながら、国のトップが変わるたびに大きく政治の方向性が変わってしまうギニアでは、国の事業として電化を進める話がうまく進まなかったのである。

それでも負けない、そんな前向きな気持ちの原点は？

川口氏の前向きさの原点は、高校時代にあった。祖父が始めた川口スチール工業の３代目として大事に育てられたが、中学生の頃に父親が大病を患い、会社は開店休業状態に。母親が市場の手伝いなどで家計を支えていた。そんな中、荒れた生活を送っていたという川口氏は、１年で高校を中退、その後、母親の強い希望で定時制高校へ通い始めたのである。

定時制高校では、同世代の友人たちが働きながら勉強していた。塗装屋で働く人は、爪の中や髪の毛もペンキだらけ。そういう状況の中で勉強だけではなく、「人生の大切さ」、「時間をムダにしないこと」などを学んだのである。

その後、22歳で家業を継ぐが、初年度は年商30万円からスタート。しかし、こまめに現場に足を運ぶ行動力と仕事へのスピーディな対応で客をつかみ、会社を成長させてきたのである。その成長過程の中でも、独自の技術を持たなければ会社がつぶれてしまうと感じた川口氏は、太陽光パネルの設置事業にその道を見出した。これが狙い通り起爆剤となり、いまや年商6億円を支える柱となったのである。

母国の村に明かりを届けたい！

2013年5月、ニュースで川口氏のギニアでの活動を知り、福岡在住のナイジェリア人のションデ・A・サムエル氏（以下、サムエル氏）が日本人の奥様とともに訪ねてきた。これが「ソーラーライト整備プロジェクト」の始まりである。

車や船外機などの日本の中古製品をナイジェリアに輸出販売しているサムエル氏の母国ナイ

ジェリアは、電化率は59％で国民の４割が電気のない生活を送っている。

日本の製品を送って母国を豊かにしたいと願うサムエル氏が、長年ナイジェリアに送りたいと思っていたもの、それが〝明かり〟である。そこには、ある思いがあった。サムエル氏は、６人兄弟の３番目。ランタンのすすにまみれながら勉強をして、やっとの思いで大学を出た。ナイジェリアの子供たちに、勉強するための明かりを届けたい。彼らの知識が明日のナイジェリアをつくっていく。ナイジェ

「日本人からナイジェリアの人たちへ」と書かれた看板前で。

リアの未来をつくる明かりだと、サムエル氏は考えていたのである。その話を聞いた川口氏は、サムエル氏の思いに応えるべく、プロジェクトを進めていくことになった。

夢をかなえた日本の技術

約10か月間、サムエル氏と何度も話し合いを重ね、まずは自腹で現地に明かりをともしてみることに。ナイジェリアは石油産出国でもあり、アフリカで一番の経済力を誇る。しかし、郊外の村の7割近くは電気がない。電気のない村に村史上初めての電気の灯を照らすのだ。赤道近くの強烈な太陽の熱を遮るのは、薄くて熱を持つトタンの屋根。日本から巻物のように持ってきた薄型パネルを広げて、金具で屋根に固定する。超軽量だから、薄いトタンの屋根にも載せられる。

2014年3月、天井の梁にLEDライトを取り付け、太陽光パネルから延びるコードを引いて、電圧などをコントロールする箱につないで見事成功。日本人にとってはごく当たり前のことが、アフリカでは、「なんで明かりがつくの？　すごいね！」と歓喜の声が上がった。

翌日ふたりは、州の政府を訪ねて、産業大臣やエネルギー庁の長官らと会談し、パネル以外は将来ナイジェリアで生産することを提案。州政府から歓迎され、ケニアではうまくいかなかった事業としての道筋も見えてきたことで、川口氏はサムエル氏とビジネスパートナーとなり、ナイジェリア進出のプロジェクトを発足させたのである。現地のスタッフとして、サムエル氏の弟、ワシウ氏と九州大学に留学できていたナイジェリアの大学教授。さらにアフリカの経済事情に詳しいアドバイザーを加えて活動を開始した。

どのようなシステムにすればナイジェリアの人たちの暮らしを豊かにすることができるのか。実証実験を行ったり、設置するための手続きや費用を調べた。その結果、この明かりを多くの人に知ってもらうために村一つを電化する案を進めたが、それにかかる初期費用１０００万円という資金がプロジェクトに立ちはだかる壁となった。暗中模索する中、日本政府が開発途上国を支援するＯＤＡ（政府開発援助）の補助金制度に申請。申請前には、現地のＮＧＯ探しにも難航したが、ナイジェリア大使館の協力もあり、申請にこぎつけることができた。

この川口氏のアイデアはＯＤＡ機関から高く評価され、約９００万円の無償資金協力が提供されたのである。もちろん公的な資金なので、利益は一切なし。１０００万円に足りない１００万円の資金は川口氏の持ち出しであった。また、ＮＧＯは個人宅を支援できないという問題も立ちはだかり、それを打開するべく〝ソーラー街灯〟を開発。それまでのソーラー街灯は、太陽光パネルが硬いため上向きに設置しなければならず、その上に赤土が積もり発電を妨げ、メンテナンスも大変だった。だが柔らかいソーラーパネルなら柱にそのまま巻くことができる。そして汚れてもサッと洗い流せる。そんなアイデア

村の主な道路沿いに、65 本のソーラー街灯がたつ。暗くなったら自動的にライトが点くようになっている。

製品として受け入れられることとなった。

ソーラー街灯はナイジェリア西部にある約１５００人が生活するまったく電気のないカボ村に贈られることに。設置工事は２０１５年９月にスタート。サムエル氏が地元の人たちと一緒にシャベルで掘り始め、最後は手掘りで、暗くなったら自動的にライトがつくソーラー街灯を立てていったのである。約2か月にわたる工事で、ＬＥＤソーラー街灯65本、学校や病院など公共施設５か所に電灯を設置した。

一方で、電気のない国での設置準備は、電気が必要な電動ドライバーのために発電機を準備するなどの苦労もあった。こうし

ソーラー街灯の下でメンバーとともに。「アフリカの闇を照らす」という思いは、佐賀県から世界へつながる。

て日本の技術が、佐賀県からナイジェリアの電気が来たことがない村に「希望の明かり」を届けたのである。

明かりで村の生活に大きな変化が現れた

工事完了から8か月後、川口氏たちは明かりのついたカボ村に招かれ大歓迎を受けた。希望の明かりは、村人の生活に大きな変化をもたらしたのである。学校では電気の下で夜6時頃まで勉強をして帰る子供たちがいた。そして、病院もロ

ナイジェリアの学校にも電気がついた。学校ではこの電気の下で夜6時頃まで勉強をして帰る子供たちがいた。

ウソクの明かりからＬＥＤライトに変わり、これまで以上に安心して治療が受けられるようになっていた。

治安の問題で夜の撮影はできなかったが、予想をしなかった変化も起きていたのである。ストリートライトがついたことで、街頭の下で商売が始まり、さらには強盗などの犯罪も減り始めたのだ。

ナイジェリアから日本に戻って2か月、ナイジェリアの裕福な人から「欲しい」と10セット注文が入り、さらなる需要もあった。川口氏とサムエル氏たちは、２０１７年の夏、ナイジェリアに会社をつくって、ナイジェリア現地での販売にも力を入れる。そして、裕福層などへのワンセット12万円の太陽光パネルシステム販売で得た利益を使って、無電化地域にさらにソーラーシステムを広めていくつもりである。

植物からのバッテリーで環境への負荷を減らす

川口氏は、薄型太陽光パネルシステムのさらなる進化を模索している。一つは、パネルからの電気をためているバッテリーの問題の解決である。

ＬＥＤライトの後ろにある電圧などを調整する箱、この中にはシステム全体の価格を抑えるために充電用の鉛のバッテリーを使ってきた。寿命が短いことと後進国ではバッテリーの再生や処理が難しい。そこで、この問題を解決できないか考えていたときに、九州大学が産学共同で研究しているバッテリーの使用をもちかけられた。決してトップ性能ではないが、植物系のものを炭化してそれを電池に使っていく。例えば、アフリカの現地のコーヒー豆やヤシガラ、コットンなどを使って電池を作り、処分するときにも自然に返すことができるシステムである。高性能の電池は値段が高いが、今後の研究でコストが下がってくることを期待している。

これで、本来やるべき「環境に負荷をかけない」というところが見えてきたのである。

佐賀県から世界とつながる

１枚の薄いパネルが生み出す小さな明かりがどんどん大きくなった5年間。そこにはアイデアと行動力で突っ走る町工場の社長のバイタリティ。そして、そこに引き寄せられるように集まる人たちの知恵や情熱があった。

皆思いは同じ、アフリカの闇を照らす。

川口氏は、「僕はすべて走りながら考える」。地球を汚さず、自分で作って自分で使うような地球を守る連鎖をつくるために、一休みすることなく、さらなる一手に走り始めている。屋根一体型太陽光パネルを２０２０年の販売に向けて、日本メーカーと協業しながら現在特許を申請中。さらに、アセアンへの進出を見据えてのシンガポール支店設置のための準備も始めているのである。

そして今、川口氏はエチオピアかケニアからの養子縁組の話もすすめている。大学まで支援して、アフリカと日本の架け橋となり、ビジネスの後継者になって欲しいとの願いを込めて。

川口氏は、「明かりで国を豊かにする、将来の大統領を育てたい」と語る。これからも走り続ける川口氏は、電気のない国々の子供たちへ明かりを届けていく。教育環境が整えば人が育ち、国が豊かになる。そこには、いつか日本が行き詰まったときに助けてくれる親日の国をつくりたいとの思いもある。そして、日本人たちも海外に出て Give-give の精神で行動し、世界から日本を見てほしいと願っている。

プロフィール

Kens. co 株式会社
代表取締役　川口 信弘 氏

1965 年佐賀県生まれ　創業昭和５年の金属屋根設計施工会社「株式会社川口スチール工業」代表取締役　また、ソーラー発電や環境型事業「Kens. co 株式会社」代表取締役

現 J1 サガン鳥栖の前身鳥栖フューチャーズの誘致委員会事務局長　2004 年社団法人鳥栖青年会議所理事長　2005 年社団法人日本青年会議所佐賀ブロック協議会会長

現在は屋根工事で培ったノウハウを活かし産業用太陽光発電システムの販売・施工に従事。電気インフラのない国々へ「明かりを届ける」活動に邁進中。

地球と共生するビジネスの先駆者たち　第2話

地球と共生するビジネスの先駆者たち
第2話

日本国内でのバイオディーゼル燃料普及のために闘う

株式会社レボインターナショナル　代表取締役　越川 哲也 氏

使用済み油が原料のC－FUEL（バイオディーゼル燃料）との出会い

「C－FUEL（シーフューエル）を京都市のゴミ収集車から始まり、市バス等公用車、琵琶湖の船、農機具、野外イベントでのディーゼル発電機などに幅広く使っていただき、問題がないことを実証してきた。しかも環境に優しい。絶対的な自信をもっている」と語るのは、株式会社レボインターナショナル　越川哲也氏。

C−FUEL利用の実績を長年にわたり継続して公的機関で積んでいるのは、日本では唯一である。そのC−FUELと越川氏の出会いは、レーシングチームにいた時に集中治療室に入るような大けがをしたことがきっかけ。事故当時、ディーゼル車に乗っていたおかげで命が助かったのだそうだ。そんなタイミングで、C−FUELの生みの親である分子工学が専門の故清水剛夫（京都大学名誉教授）先生とのご縁から、「使用済み天ぷら油などの廃食用油を原料とした軽油代替燃料が、本当に車のエンジンで大丈夫か試してみてくれないか？」と頼まれたことが、バイオディーゼル燃料開発の始まりとなった。

エネルギーは、安定供給と安定した価格を守るためコスト採算が合うことが重要だ。たとえ環境に優しい燃料であっても軽油よりも高かったら売れない。その問題点をクリアしたこと、軽油に見合う価格で出荷できるだけの技術ノウハウを蓄積してきたことが、株式会社レボインターナショナルの大きな強みである。

C−FUEL（バイオディーゼル燃料）とは？

C−FUEL（シーフューエル）とは、使用済み天ぷら油や植物油から作られるディーゼルエンジン用燃料である。使用済み天ぷら油など植物油を原料にし軽油の代替燃料として製造することで、自動車燃料に使用した際は、黒煙の排出を3分の1から6分の1に削減できる。

実証実験のきっかけは、阪神・淡路大震災。道が寸断し、瓦礫を重機で除去しなければならない。しかし、軽油がまったく入手できない。それならば、地域で出る天ぷら油が燃料になれば、地産地消で災害時も強い。そう考えた越川氏はボランティアで参加し、自ら重機に乗りながら、使用済み天ぷら油を集め、故清水先生にアドバイスを受け、研究開発途中であったバイオディーゼル燃料「C－FUEL」を使用し、災害地での瓦礫等を除去するボランティアを続け実証使用し、品質や製造方法の研究開発を行ったのである。

京都市ゴミ収集車「C－FUEL」100%で走る

1996年、京都市からゴミ収集車にこのバイオディーゼル燃料を使ってみたいと話があった。その理由は、翌年に「地球温暖化防止京都会議」（COP3）を控えていたこと。京都市は当時、ゴミ政策が遅れていたこともあり、ゴミ収集車の燃料をすべてバイオ燃料に変えれば、京都会議を開催する目玉にできると考えたのだ。その京都市から「このゴミ収集車へのバイオディーゼル燃料の供給を実現するため、力を貸してほしい」と言われたことが、事業としてスタートする大きなきっかけとなったのである。

公道での使用のためには検査を受け、関係省庁よりしかるべき見解を得ることが必要だったが、そこもクリア。１９９７年より、京都市のゴミ収集車の車検証に〝廃食用燃料併用〟と記載され、日本で初めて公に使えるようになった。

その後、京都市への安定供給を実現するため、１９９９年に、ボランティア団体「地球の環境を守る会」を改組して、「株式会社レボインターナショナル」を設立。本格的にバイオディーゼル燃料化事業の活動を開始したのである。

２０００年には新燃料化技術の特許を申請し、２００１年には、C－FUEL製造・販売、２００２年には、京都市のゴミ収集車の燃料として、軽油と混合しないC－FUEL１００％で、市所有の全車両２２０台に使用され始めた。

再生可能エネルギー普及の3つの壁

現在、日本国内では残念ながらC－FUELは普及していない。国内全体に普及させるためには、いくつもの壁を乗り越える必要があると越川氏は話す。

一つ目の壁は、資源回収の安定化である。現在、京都市では市内にある約1800の市民回収所から使用済み油を回収しているが、ゴミ収集車全車を賄う量には不足している。株式会社レボインターナショナルでは、全国で飲食店など2万店程の回収拠点から一斗缶1個から電話1本で回収を行っている。以前は、店舗からの油は産業廃棄物として産廃業者にお金を出して処理していた。株式会社レボインターナショナルでは、補助金に頼らず事業として成り立たせようと、業界団体などとは手を組まずに自分たちがトラックに乗って、自社で原料を確保するため社員が回収し、原油に変わる資源を安定的に集め、C－FUELの安定供給に努めている。

二つ目の壁が、燃料品質及び品質規格策定の重要性である。バイオディーゼル燃料の取り組みが進む中、廃食用油燃料の規格がなかったため、バイオディーゼルの偽物（粗悪品）が出回った。そこで京都市が主体となって、エンジンの専門家でもある池上詢京都大学名誉教授を委員長

2009 年 4 月に竣工した C-FUEL 製造設備「京都工場」。

に、各自動車メーカー、油脂メーカーの技術者らも集まり、京都市のバイオディーゼル燃料化事業技術検討会が設立され、ＪＩＳ化を目指した。こうして、２００４年から、種々の問題の原因解明と解決のため、分析項目、分析方法まで確立し、バイオディーゼル燃料の規格を日本で初めて京都市が作るに至ったのである。京都市暫定規定を満たしたＢ１００使用における安全性を証明するため、トヨタのカローラのディーゼル車をドイツから逆輸入し、元Ｆ１ドライバー片山右京氏にドライビングを依頼し、廃棄物由来のＢ１００にて耐久レースに出場した。その後、パリ・ダカールラリーにも出場。バイオディーゼル燃料１００％で参戦したのは、株式会社レボインターナショナルのチームが世界初だという。そこで、高速安全性でも問題ないことが世界で初めて実証された。氷点下の環境のリスボンからスタートし、車内温度60度近くになるセネガルでゴール。寒暖差が激しい環境での安定走行も実証された。こうした実績を積み重ねたこともあり、２００８年に日本のＪＩＳ規格が策定されたのである。

三つ目の壁は、日本国内の販売手段が閉ざされたこと。日本で普及しているのは、石油元売りの影響があまり及ばない工事現場の重機関係や、ニュータウンを走らせるコミュニティバスなど地域や場所を限定。それは、一般に給油するところが普及しないからである。現在日本では(バイオディーゼル１００％は認められていないが) ５％までならば混ぜても軽油とみなす法律も制定されたが、これを世界各国の規格と比較すると、隣の韓国では２％、ヨーロッパでは７％の上限が設けられ、ドイツでは、５％まで「混合しなさい」、日本では５％「混ぜてもよい」との差がある。法律は施行されたが、今のところ何の支援もない。また、税制的にも、ヨーロッパ域内では優遇策により、普及させることを国が支援しており、バイオディーゼル燃料を使うとCO_2削減になるので減税や無税措置がとられ普及してきたが、それに対して、日本では軽油と混合すると課税されるので、世界との差があることも普及の壁となっている。

地域から出た天ぷら油は、世界のジェット機エンジンに使われる

２０１１年12月、Ｃ-ＦＵＥＬ製造設備「京都工場」が、再生利用事業場として登録された。生産能力は、１日３万リットル。Ｃ-ＦＵＥＬを軽油の代わりに使用すると、１リットル当たり２・５８kgのCO_2を削減できる。CO_2削減義務のある企業は、これまで様々な努力をしてきた。だからこそ、大幅に削減できるバイオ燃料を物流で使用したいというニーズはある。お客様は欲しいとは言ってくれているが、２００９年４月の竣工から2年間、稼働率は10％、その時は事業として本当に厳しい状況だったと越川氏は話す。

日本国内での軽油代替燃料としての利用に対する大きな壁が立ちはだかる中、どのように継続してきたのだろうか？

それは、新たな代替えエネルギーとしての資源確保から販売までのビジネス基盤を海外で確立したことである。まず、２００７年にはタイの石油公社ＰＴＴにプラントを納めている。欧州諸国は主に菜種油を、米国は主に大豆油を原料とするが、日本は廃食用油、いわゆるてんぷら油の再利用から始まっている。てんぷら油は、菜種油、大豆油、ひまわり油などを含んでいる。パーム油を主要原料とするタイにとって、株式会社レボインターナショナルの技術は最も必要なものだった。世界各国から入札が入ったが、「タイの屋台の汚い油から燃料をつくる技術を持っている」と評価されたのだ。

２０１１年４月からは、北欧大手エネルギー供給企業「North Sea Group（現：Varo Energy）へC-FUELの供給をスタート。ヨーロッパは、バイオディーゼルはほぼ全土で使われている。ＩＳＣＣ（ＥＵのバイオ燃料認証制度）及びＤＤＣ（オランダのバイオ燃料認証制度）の二つの認証制度を受けているのは日本では、株式会社レボインターナショナルが初めてである。２０１３年にはベトナムの鉄道会社にも「C-FUEL」を供給。その後２０１７年１月には、廃棄物由来のエネルギーには輸入税をかけないスイスにも、輸出が始まった。

次世代原料油確保への取り組み

原料となる使用済み天ぷら油などの廃食用油は需要に追いつかず、また最も安価なパーム油でさえも軽油より値が張り、しかも品薄という問題を抱えている。株式会社レボインターナショナルも、15年前はキロ40円のパーム油で、軽油のリットル80円よりも安く供給できる技術があった。しかし、その後パーム油の価格が高騰し、軽油価格よりも高くなり採算が合わなくなった。

ベトナム鉄道の給油式。

そのため「C-FUEL」の原料として、越川氏は現在ベトナム国内で栽培する「ジャトロファ」の種子油に目をつけた。「ジャトロファ」を原料として選んだ理由は、生命力が強く、他の作物が栽培できないような高原地帯でも栽培が可能。そして、パーム油、菜種油、大豆油などとは違い食用と競合しないという利点があるのだそうだ。

ベトナムにて現地作業員と当社社員たち（ジャトロファの試験栽培の様子）。

バイオ燃料の原料となるブドウの房のように収穫しやすい品種改良を行ったジャトロファの実。

２００８年より、ベトナムでバイオ燃料の原料となる非食用植物ジャトロファ栽培を開始。沖縄で種ができるように、成長させるための栄養剤などを開発し、ジャトロファの種がしっかりできる品種改良、栽培方法を確立していったのである。しかも、品種としては種が点々としていると作業効率が悪いので、ブドウの房のように収穫しやすい品種改良を行い、２０１３年には、ベトナム試験農場での技術開発に成功した。

現在、ベトナムに候補農地として40万ヘクタールの推薦を受けている。契約は、少数民族のエリアの土地を借りるなど、その土地に合った契約形態を提案する。

少数民族の何も産業がないところに植物を植えて、地域の雇用にも貢献。ベトナムからも少数民族の支援になるからと、３年以上前から「早く投資を呼び込んで、計画を進めてくれ」と要望がある。先行投資にするためには、１億円以上のお金がかかる。そのための投資家を現在も募集しているそうだ。

２０２０年、日本の空へ

廃食用油を原料に調達、技術開発、製造、供給を15年以上一社で行い、公的機関等で継続使用される実績があるのも、世界では株式会社レボインターナショナルだけである。

こうした長年の実績により「次世代航空機燃料イニシアチブ」にも委員として参加し、国内初の航空機向けバイオジェット燃料により東京オリンピック開催の２０２０年、選手をバイオ燃料で飛ばすための供給も目指している。

越川氏にとって、地球との共生とは

最後に、越川氏に「あなたにとって、地球との共生とは何か？」を聞いた。越川氏からは、「誰もがやらなくてはならない、一人ひとりが気づかなくてはならないこと」だと答えが返ってきた。

日本は鎖国をしてきた国で、そのときの自然環境がなんら変わらず、人口が多かった。その地球にいかに負担をかけてここまで豊かな国になってきたかを見直して、いかに地球に一人ひとりが負担をかけない、取り組みをしなくてはならないことを考え直してほしい。ベトナムに行くと、水牛で田んぼを耕している、その横でメルセデスが走っている。なんとも格差が激しい。昔は自転車が多かった。それが10年経つと、単車が車になってきている。自転車で移動した方が早いにもかかわらず、高級車に乗って渋滞になっている。車が増えたらかえってストレスが増えているのである。人間の欲で地球環境を壊している。それを一人ひとりが気づくべきである。経済が発展して、公害が出て、産業も発展し、その一方で日本では人口が減ってきているという現実がある。

「神様が気づかせてくださっているのではないだろうか。もっともっと快適に、そして気持ちよく、環境に優しく、地球と共生していきましょう」

そう語る越川氏は、補助金なしで事業を成り立たせ、日本国内でのバイオディーゼル燃料の普及のために、今も一人闘っているのである。

プロフィール

株式会社レボインターナショナル
代表取締役　越川 哲也 氏

1999年　レボインターナショナルを設立
2001年　C-FUEL（バイオディーゼル燃料）製造・販売開始
2002年　軽油と混合しないC-FUEL100%が京都市のゴミ収集車の燃料として市所有の全車両220台に使用
2008年　ベトナムでのジャトロファ（原料油脂植物）試験栽培開始
　　　　C-FUEL製造小型実証プラント完成
2009年　国内最大のバイオディーゼル燃料製造施設「レボインターナショナル京都工場」（日量30,000リットル）完成・稼働開始

回収した廃食用油から、環境に優しいC-FUEL（バイオディーゼル燃料）を製造し、ヨーロッパへ販売。C-FUELのリサイクル事業を核に、化石燃料の使用を減らし、CO_2とゴミを削減、次の時代へつなぐ企業として努力している。

地球と共生するビジネスの先駆者たち　第3話

水の星をスイスイ走る、世界最小の4人乗りEV車の開発

株式会社ＦＯＭＭ　代表取締役ＣＥＯ　鶴巻 日出夫氏

今や「電気自動車」が世界の主流!?

「来い、筋斗雲!」

あなたのそんな一言で乗り物が自動的にやってきて、行きたいところに運んでくれ、用事が済めば自動的に戻っていく――そんな未来があったら、どうだろう。

実は、それが確実に近づいているのだ。

日産のリーフ、トヨタのプリウスＰＨＶなど、ガソリン車、ハイブリッド車の次の乗り物として、日本でも注目が集まる電気自動車（ＥＶ）。しかし海外――それもヨーロッパではすでに主流になりつつある。オランダとノルウェーでは２０２５年に内燃機関自動車を出さないことを決定。ドイツも２０３０年に。さらに中国もＥＶ製造を国策として取り組んでいる。アジアも含めたユーラシア大陸全体にＥＶが一般化されるのも時間の問題だ。そんな世情の変化にいち早く反応し、神奈川県川崎市に事務所を構える株式会社ＦＯＭＭでは、水に浮く電気自動車「コンセプトＯｎｅ」を２０１４年に発表。数度の試作を重ね、現在は量産に向けて動いている。

世界最小クラス４人乗りＥＶ「コンセプトＯｎｅ」とは？

コンセプトＯｎｅには、開発元のＦＯＭＭの社名に由来する思いが込められている。「FOMM = First One Mile Mobility（自宅からの〝最初の１マイル〟を移動するための至近距離移動用モビリティ）」。

常にお客様にとっての身近な存在としてのモビリティを生み出し、自動車の新しい使い方を提案するものだ。

まず目を引くのが、そのコンパクトさだ。車体本体の大きさは、軽自動車の3分の2程度と世界最小クラス。にもかかわらず、高いスペース効率によって4人乗りが可能だ。

エンジンは積んでおらず、代わりに前輪のホイールにモーターを内蔵。後に記述するが、これは車体の軽量化や環境、水害地域での運用を視野に入れた設計である。

モーターを動かすためのバッテリーは劣化を可能な限り防ぐため、一般の充電設備による急速充電システムを採用せず、交換可能なカートリッジ式バッテリーを採用していて、なおかつ家庭用コンセントからの充電も可能としている。海外標準の220Vだと6時間で満充電ができ、寝ている間に充電が終わっている計算になる。

車両キャビンをボート構造にすることで、水に浮くことを可能にしている。イメージとしては、車の中にお風呂のバスタブがあると捉えてもらえればいい。これは、株式会社FOMMの独自の技術として特許を取得している。操作系も、アクセルを手元に置くことで微妙なスピード操作を可能にしているばかりか、足元をブレーキのみにすることで足元のスペース効率をアップ。昨今、問題になってきている「アクセルとブレーキの踏み間違い」をも防ぎ、これまでにない操作性を実現している。

きっかけは「水に浮かぶＥＶっていいな」だった

鶴巻氏がこのようなＥＶ開発をするに至ったきっかけは、３・11の津波の映像だった。東日本大震災では津波によって多くの人が被害を受けた。自家用車に乗って避難しようとしていたところを渋滞に巻き込まれ、そこに到来した津波によって亡くなった人も少なくない。「津波が懸念される際には、自動車で避難しない方がいいのでは？」という議論もあったほどだ。しかし現実問題として、足の悪い人や幼児を抱えた家族などの場合、そこに動く車があるのであれば利用しないわけにはいかない。

鶴巻氏の実家は静岡県磐田市。昔から東海地震が心配されている地域だ。もしも地震が起きた場合、13メートルの津波が来る試算が出ている。鶴巻氏には、足の悪い母親がいる。もしも東海地震が起きた時、津波の被害者になる可能性が高いのだ。

セブン－イレブンで採用されている一人乗りＥＶ「コムス」の開発に携わっていた鶴巻氏は、東日本大震災の惨状を見てＥＶの訴求点を改めて見直した。「１００本ノック」といわれる、一人ブレインストーミングをしている時に、苦しい中から出てきた「モーターは水に強い」というアイデアが、輝いた。ガソリンを媒体に、動力に火を使うエンジンは、水の中では動かない。しかしモーターであれば、電力さえ供給できれば動く。「モーターを原動力とし、さらに車体を水に浮かせることができれば、津波などの水害でも自動車が役に立つのではないか」この発想が、コンセプトＯｎｅのスタートになった。

「諦めない」を続けて、数々の困難を克服

50歳の退職を機に、水に浮かぶＥＶの開発に着手した鶴巻氏。事業計画書を片手に、プレゼンテーションを繰り返して協賛企業を募った。ＥＶに興味のある企業を中心に億単位の資金集めを行ったが、それでも苦労は多かった。２０１３年に株式会社ＦＯＭＭを立ち上げた後、大同工業株式会社が最初に資金提供をしてくれる運びとなり、ようやく水に浮かぶＥＶの開発がスタート。約９か月でコンセプトＯｎｅのＰｈａｓｅⅠを開発した。

苦労があったのは、資金集めだけではない。ヨーロッパの超小型車の規格で「Ｌ７ｅ」というものがある。コンセプトＯｎｅは、この規格に当てはまるＥＶとして開発されている。Ｌ７ｅでは「バッテリーを除いて車体重量４５０㎏」という規定があり、これをクリアするためにかなりの苦労を要した。具体的には、１部品につき10ｇ削ることをミッションとした。

コンセプトＯｎｅの総部品点数は１６００点／台である。多いように思えるかもしれないが、一般ガソリン車の約3万点に比べると20分の1程度と極めて少ない。１６００点の部品を10ｇずつ削れば16kgになる。鶴巻氏はかつて、スズキ株式会社で二輪車（モトクロス）の設計を担当していた。「全車、１g軽くする」の文化が、染みついていたのだ。

株式会社ＦＯＭＭは、２０１４年にコンセプトＯｎｅのＰｈａｓｅⅠを発表。翌年にはＰｈａｓｅⅡ、２０１６年2月にはＰｈａｓｅⅢを発表し、バッテリーを除いた車体重量で、Ｌ７ｅ基準を下回る４４５kgを実現した。「苦労があっても諦めないことが一番大事。諦めたら、そこで終わり」と鶴巻氏は語る。困難や苦労は必ず起こるもの。しかし諦めずに立ち向かう姿勢を見せれば、それぞれの状況で対応をしていける。大切なのは、何をどうするかの「やり方」よりも「考え方」なのだ。「せっかく地球環境のためにコンセプトＯｎｅの開発を始め、実際に喜んでくれている人がいるのだから、絶対に量産したい。僕の夢に賭けてくれている16人の従業員たちのためにも」。

コンセプトＯｎｅが「運用面」で超小型・軽量にこだわる理由

コンセプトＯｎｅが超小型・軽量にこだわるのには、大きく二つの理由がある。

一つは、実際の運用面についてだ。現在、コンセプトＯｎｅの運用先に挙がっているのが、タイやインドネシアなどの東南アジアだ。特に台風や洪水の多い地域では、洪水による被害で数百万人規模の被災者が発生している。そのような地域で運用を考える際に、「水に浮く」というのは重要なポイントだ。車体の一部を「ボート」構造にし、ドアを閉めることで密封される。それにより浮力が生まれ、水の上でも沈むことがない。さらに、ホイールにはモーターが内蔵されている。ホイールはフィン形状になっていて、回転して水を吸い込み、一か所に集めて排水する。それによって推進力が生まれ、ゆっくりだが動くことができる。

前輪駆動のため、ハンドルを曲げるとタイヤと連動して排水の方向が変わり、水上を左右に移動することも可能だ。スピードは時速2～3キロ。万が一、水害に巻き込まれたとしても、逃れることができるのだ。２０１６年５月には、タイの首相プラユット氏がＰｈａｓｅⅢに試乗。11月にはタマサート大学でＰｈａｓｅⅣでの水上デモを行い、高評価を得た。

万が一の時の機能ばかりがコンセプトＯｎｅの売りではない。超小型にもかかわらず４人乗りを実現し、普段の街乗りにも使える。満充電時の航続距離は約１００〜１６０キロとなっており、シティー・カーとして家を中心とした近距離移動で役に立ってくれる。水に浮かせるために、本体は鉄とアルミをフレーム部分だけの仕様にとどめ、外装やボート部分には樹脂を採用して軽量化を図っている。もちろん、正面でぶつかったときにエネルギー吸収するように、衝突試験も行っている。エアバッグはついていないが、安全を考慮した設計がなされているのだ。

メインのターゲットは女性や主婦。タイのバンコクは渋滞がひどく、渋滞を回避するために脇道に入ることが多いが、日本に比べてずっと狭い。また違法駐車も多く、走りづらい。軽自動車の3分の2のサイズであれば、そのような道でも快適に走ることができる。

モーター駆動のためギアがなく、エンストなどの操作ミスが起こらないのも運転に不慣れな女性に優しいポイントだ。

コンセプトＯｎｅが「環境面」でも超小型・軽量にこだわる理由

コンセプトＯｎｅが超小型・軽量にこだわるもう一つの理由は、環境面についてだ。「ＬＣＡ

＝ライフ・サイクル・アセスメント」という言葉がある。ある製品・サービスのライフサイクル全体、もしくはその特定段階における環境負荷を定量的に評価する手法のことだ。

自動車であれば、実際に走らせた時のCO_2評価だけではなく、部品を作る工程からどれくらいのエネルギーを使い、CO_2を排出しているのかを評価する指標となる。これは使用している部品の材質までが評価の対象になる。たとえEVでも、車体が大きいとLCAも大きくなるもの。結果、環境のことを考えたはずが、ガソリン車と変わらなくなってしまうこともある。ものをつくる時に、それが小さければ小さいほどエネルギーは少なくて済む。最終的な製品が小さければ部品も小さくなり、LCAも下がるのだ。小さいほど軽いので、走ったときのエネルギー消費量も下がる。トータルでLCAを小さくできるのが、コンセプトOneの環境面へのこだわりだ。

「思いついたら、まずやってみる」――それが未来を創る

コンセプトOneを量産化し、東南アジアで展開させることができれば、1台の単価を50～60万円程度にまで抑えることが可能になる。しかし、これは鶴巻氏にとってはゴールまでのマイルストーンの一つに過ぎない。単にタイに工場を作って輸出するビジネスをしたいのでは

なく、コンセプトＯｎｅを展開することで各地に小さな工場を建設し、現地での〝仕事〟を生み出すのだ。「仕事を生み出せば、現地のお父さんが職を持つことができるはず。そうやって自分でお金を稼ぐ〝手段〟を提供できれば、学校や病院に行ける子供が増えるはず。コンセプトＯｎｅはそのためのツールでもある。だから株式会社ＦＯＭＭの経営理念に、『貧困の根絶』という一言を入れています」。

定職に就いて定期的な収入を確保し、医療や教育が貧しい人々にも充分に行き渡るようになれば、彼らがいろいろなことを考え、地球を良くしようとしてくれるのではないか。そのような人々が増えれば、少しずつでも地球そのものが良くなっていくのではないか。動物や植物の問題もあるが、やはり地球に住んでいる「人間」が重要である。人間を大事にすることで貧困を根絶し、結果的に地球を良くしていく——それが鶴巻氏の理想の一つだ。

そのために、まずはタイでコンセプトＯｎｅを量産し、周辺の国々へ輸出をしていく。ヨーロッパの規格も取得するので、日本の技術を、東南アジアを通じてヨーロッパにも伝播させていく。量産化が進めば、部品を共通化してさらにコストを下げられる。価格が下がり、ニーズに応えられるようになったところへ、さらにコンセプトＯｎｅを拡げていく。まだ法整備が進んではいないが、いずれ日本でもコンセプトＯｎｅが街中を走る光景が見られる日も来るだろう。

鶴巻氏のコンセプトでは、それは『西遊記』の「筋斗雲」に近い。孫悟空が呼べば、どこからともなく現れる雲の乗り物。悟空を行きたいところへ連れて行き、用が済めば一人で帰ってくれる。コンセプトOneで、そのような未来を実現しようとしている。

乗りたい人は、スマートフォンを使ってコンセプトOneを呼び出す。すると専用駐車場で待機しているコンセプトOneが自動運転でその人のところまでやってくる。もちろん、専用駐車場に戻るときも自動運転だ。

水上もハンドル操作で移動でき誰にでも運転可能（水上デモンストレーション）。

「自動車の未来は、カー・シェアリングの世界になる。それを見据えて、開発を続けていきたい」

一人ひとり車を所有するのではなく、用途に合わせて車をシェアする時代になる。自動車を取り巻く環境は、それほど変化し始めている。「自動車に関わる法律の問題や、自動運転に関わる技術の問題など、まだまだ課題はたくさんある。でも、思いついたらやってみるべき。考えすぎると、行動できなくなってしまう」。

鶴巻氏は50歳でコンセプトＯｎｅの開発に着手した。その時の想いは「水に浮かぶＥＶっていいな」だった。最初からうまくいく自信があったわけではない。世の中にはたくさんの課題がある。そのうちの何かを解決したい強い想いがあり、アイデアがあるなら、やってみればいい。安定しているからと守りに入っていては、後ろから来たやる気のある人たちに簡単に追い抜かれてしまうだろう。

「人はいつでも変われる。思い立ったが吉日」

55歳を過ぎた鶴巻氏の未来自動車社会へのビジョンは、今も拡がっている。

コンセプトOne（軽量、コンパクト、交換可能な電池、家庭用コンセントで充電）。

プロフィール

株式会社ＦＯＭＭ
代表取締役 CEO　鶴巻 日出夫 氏

1962 年、福島県生まれ。東京都立航空工業高等専門学校（現 東京都立産業技術高等専門学校）を卒業後、1982 年に鈴木自動車工業株式会社（現・スズキ株式会社）へ入社。二輪車のエンジンから車体まで多岐にわたる設計を担当。1997 年、アラコ株式会社に移り、一人乗り電気自動車「コムス」等の開発に携わる。その後のトヨタ車体株式会社でも新型コムスの企画・開発に従事。2012 年、株式会社 SIM-Drive で超小型電気自動車の東南アジア展開を企画。2013 年、株式会社ＦＯＭＭを設立。

地球と共生するビジネスの先駆者たち　第4話

地球と共生するビジネスの先駆者たち　第4話

人・自然を救うオルタナ・フーズ、ダチョウ肉の普及をめざす

Queen's Ostrich　創業者　加藤　貴之　氏

これからの主食は昆虫？　食糧問題の先にある未来

「このまま行くと、そう遠くない未来、食卓から肉が消える」

そう警鐘を鳴らす人がいる。Queen's Ostrich（クイーンズ・オーストリッチ）の加藤貴之氏だ。自らを〝ダチョウの伝道師〟と称する加藤氏が「肉クライシス」と呼ぶこの事態は、3年から5年後、遅くとも10年後の世界では現実のものとなる。

原因の根本となるのが、「人口の増加」である。２０１７年現在、70億を超す人類が地球上には存在している。人類のほとんどは穀物を食べる。私たち日本人であれば米、玄米、大豆。外国人であれば小麦やトウモロコシだ。

また私たちは、肉食でもある。人口増加は、同時に肉食の増加も伴っているのだ。牛、豚、鶏に加え、羊や馬。最近ではイノシシやシカの肉も流通している。食べるようになった種類が増えてはいるが、それでも肉クライシスは避けられない。

家畜を育てるためには、穀物が必要である。牛を例にとってみよう。牛の場合、肉を作る量に対して11倍の穀物が必要になる。１００gのステーキを食べる＝１・１kgの穀物を食べているのと同じ計算だ。この割合は、豚肉で7倍、鶏肉で4倍になる。

人口増加による穀物と食肉の必要量の増加に伴い、肉の価格は跳ね上がった。数年前に日本の牛丼チェーンが相次いで値上げを行ったが、その背景には牛丼に使用する部位の値段が数倍に跳ね上がったことがある。

そしてその背景にあったのが、家畜を育てるための穀物の価格上昇である。40年前と比べ、米・

麦・大豆・トウモロコシのそれぞれが4倍近く、10年前と比べても2倍に上がっている。上昇スピードは加速しているのだ。2013年には、国連の食糧農業機関が「これからは森林資源の活用が必要（例えば昆虫）」と発表した。日本にいるとあまり感じないが、世界的には食糧問題は深刻な事態なのである。

次世代の食肉「ダチョウ」が持つアドバンテージとは？

加藤氏は、この現実を決して楽観視していない。このままでは本当に、我々は肉を食べることを諦めないといけなくなってしまうからだ。

そこで提唱しているのがダチョウ肉である。現在、主に家畜とされている牛、豚、鶏に比べ、ダチョウ肉には大きなアドバンテージがある。まずダチョウは牧草で飼育でき、必ずしも穀物を必要とはしない。穀物を使う場合でも、肉を作る量に対して7倍必要な豚と比べて3倍程度で済み、環境負荷が低い。

日本の穀物飼料などの自給率は12％程度と、9割近くが輸入に頼っている。穀物の価格上昇が食肉の価格上昇に直結していることを考えると、穀物を必要としないダチョウには大きな期待が寄せられる。

次に、成長が早い。卵から孵って7か月から1年で、食肉としての出荷が可能になる。体長は2m、体重は100kgで、出荷までの成長スパンと体重は豚と同じくらいだ。そして獲れる肉は体重の30から40%と、これも豚と同等である。大きく違うのは、一度に出産する子供の数だ。豚だと10から15頭なのに比べ、産卵するダチョウの場合は50から100個の卵を産む。繁殖力でも優れている。

そのほかの側面からも見てみよう。例えば、牛が出すゲップにはメタンガスが含まれており、オゾン層破壊に悪影響がある。ダチョウであれば、その心配はない。また、ダチョウの糞は臭わない。体長2メートルに対し、腸の長さが20メートルあるからだ。普通の家畜だと1：4や1：6のところ、1：10の割合である。腸が長いため、食べたものがお腹に滞在する時間が長くなるのだ。栄養をムダなく吸収できるので、本当の残りカスだけが糞として出る。だからハエも集まらない。

最後に味についてだが、これは他の家畜と同様、育て方による。おいしく育てれば、おいしい肉になる。味は牛肉に類する味。栄養価は、牛肉の半分以下のカロリーでタンパク質はより多く、脂肪分は7分の1。鉄分は3倍で、肉なのにレバー並みの鉄分を摂取できる。ビタミンも豊富だ。料理としてはステーキ、焼き串、たたき、カルパッチョなど、和食、洋食の素材として最適だ。脂の融点が低く柔らかい肉質なので加工の難しさに課題は残るものの、ソーセージなどの加工食品にしてもおいしい。東京都内、数十軒のレストランなどで食べることができる。

「人類が肉食を諦めないまま肉クライシスを回避するためには、ダチョウ肉を新しい選択肢にせざるを得ない」

食文化、経済、環境のすべての面から、加藤氏はダチョウ肉に大きな期待を寄せ、普及活動を行っている。

東日本大震災以降の世界に必要なもの、それがダチョウ

加藤氏が「ダチョウの普及活動」に至ったきっかけは、2011年の東日本大震災にまでさかのぼる。現在30歳の加藤氏は、大学卒業後に広告会社へ就職。広告と映像の制作を担当していた。しかし東日本大震災の影響で関わっていた仕事が中断してしまう。その後、核心地である南相馬市へボランティア活動に参加。被災者を支援する日々の中で、友人を介してダチョウ肉と出合った。もも肉のステーキを食べさせてもらい、とてもおいしかったのだ。

友人から、彼の後輩が埼玉県で運営しているダチョウの牧場を応援しようとしている話を聞いて、加藤氏の中にあった「日本のために自分に何ができるのだろう」という漠然とした疑問が、すっきりと晴れていった。これこそが、３・11以降の日本や世界に必要なものだと感じたのだった。

現状の日本では、ダチョウ肉はほとんど普及していない。年間トータル約６００万トンの流通がある食肉市場で、ダチョウは約１００トン。牛肉の1万分の1程度だ。自分が広告業界にいたのも何かの縁だと感じた加藤氏は、友人の手伝いとして、ダチョウ肉のＰＲイベントを企画。その活動にどんどんのめり込んでいった。そして、ダチョウ肉のＰＲイベントを開催していたときのこと。参加者から「知り合いの飲食店を紹介したい」という声がかかった。それを皮切りに自然と卸業のお客さんが拡がり、徐々に軸足をそちらに切り替えることに。その後、広告会社を退職し、自身でQueen's Ostrichを立ち上げたのである。

ダチョウ肉の安定供給のために、新規牧場事業のサポートを開始

ダチョウ肉の卸業を始めてからの道のりは、決して平坦なものではなかった。最初は友人の

後輩が運営する埼玉県のダチョウ牧場の肉のみを飲食店に卸していたが、すぐに足りなくなってしまったのである。全国にある様々なダチョウ牧場から、肉を取り寄せた。そして食べ比べをしてみると、品質に大きな差があることがわかった。最初に食べたときに受けた「ダチョウ肉はおいしい」という印象が、偶然だったことがわかったのだ。それでも何とか合格ラインに乗る牧場を見つけ、埼玉の牧場と二本柱で扱うようになったが、供給不足が完全に解消できたわけではなかった。

人間と同様、ダチョウにも体調のいい時期と悪い時期がある。とくに夏。いわゆる〝夏バテ〟が起きてしまうのである。人間であれば、汗をかいたり食事によって対策は可能だが、ダチョウは汗がかけない。そんな時期に出荷しても、いい肉にはならない。結果、出荷ペースを止めて時期が過ぎるのを待たないといけなくなり、次の入荷までに出荷用の肉が足りなくなってしまう。出荷ペースと在庫を安定させるため、加藤氏はさらに新しい牧場を開拓したが、奇跡的に見つかった最初の二つ以外、新たに見つけることはできなかった。そこで加藤氏は発想を転換させ、すでにある牧場を頼るのではなく、土地が余っている人へ向けて、新たなダチョウ牧場の立ち上げをサポートしようと考えたのである。

千葉県にダチョウ牧場を開き、飼育技術の確立に挑む

実は、日本においてもかつてダチョウ牧場が広まった時期があった。時代は１９９３年。それまでダチョウは南アフリカで独占的に飼育されていた。肉、皮、羽と、ダチョウには使える部位がたくさんある。品質がとても良く、高級品だ。南アフリカでは製品だけを輸出し、飼育技術を流出させないようにしていたのだ。

それが解禁され、世界で飼育されるようになった。当時の日本でも、未来の投資ビジネスとして一部のめざとい人たちによって広まった。ちょうどバブル崩壊で土地が余っていたことも、拍車をかけた。ピークは２００５年頃まで。全国に４００か所の飼育場があった。飼育羽数は全国で1万羽に及んだ。しかし、それ以降は一気に廃業する牧場が相次ぎ、２００７年には飼育羽数が5千羽にまで減少。農林水産省もかつては統計を取っていたが、それ以降は統計を取ることをやめている。廃業の理由は、飼育技術がなかったからだといわれている。ビジネス目的で作り手ばかりが増え、マーケットの開拓をする人が続かなかったのだ。

ダチョウの普及活動を始めて以降、加藤氏はこのような過去の反省を踏まえたうえで、新しく牧場を立ち上げるサポートのため、東北地方を中心に各地を回った。牧場に興味がある人の情

ダチョウ普及のために、日本だけでなく、海外の牧場を回った加藤氏。

報が入ると、話をするために千葉、福島、岩手、宮城、青森、秋田へ。日本だけでなくモンゴルなど、海外にまでその足は及んだ。モンゴルでは、前大統領の妹さんともつながった。「ダチョウの飼育が可能かどうか、視察してほしい」しかし結局は場所の問題よりも、どうやってダチョウを連れてくるか、誰が飼育するか、誰が指導できるか、などの問題により頓挫してしまう。

持ち出しが増えるばかりで、〝骨折り損のくたびれ儲け〟な数年間だった。「『今すぐ儲かるんじゃないか』という考えの人とはうまく組むことができなかった。ダチョウ肉は、肉クライシスが来た時に初めて儲かるビジネス。時代が変化する中でのあるべき新しい産業をやりたい想いを持った人でないと、なかなかうまくいかない」そう加藤氏は過去を振り返る。

現在では島根や山口、静岡などに牧草地を確保し、想いを共にできるパートナーも現れた。ダチョウ普及活動の新たな側面が始まろうとしている。世界では1万トンを超えるダチョウ肉が消費されており、ヨーロッパの国々やアメリカのカリフォルニア州などでは、スーパーマーケットで買えたり、レストランで食事ができる。食べた人々の感想も「おいしくて、ヘルシーなお肉」というものだ。

日本でも、このような形でダチョウ肉が消費されていくために、今後の大きな課題となるのが「味」の問題だ。「結局は食べ物なので、おい

“ダチョウの伝道師”として、提携先のダチョウ牧場を訪問し、ダチョウと触れ合う加藤氏。

しくないと普及しない。味の面で突き抜けられるのが日本の技術だと思っている。おいしい肉を作れる飼育技術を日本で確立し、それを世界に展開していけば、より加速的に広がっていくのではないか」さらにおいしいダチョウ肉を飼育するための技術の確立と展開。牧場はスタートしたところだが、過去の日本での失敗例をもとにマーケット開拓からスタートしているので、見通しは明るい。

オルタナ・フードが、人類と自然との関わりを最適化する

これからの世界を視野に入れた「オルタナ・フード（オルタナティブ・フード）」という考え方がある。「普及することで多くの人々の役に立つ可能性がある食材」のことだ。ダチョウは、その最たるものである。ただ、ダチョウ肉が私たちの食卓へ並ぶようになるには、もう少し時間がかかるだろう。だから、別の側面からオルタナ・フードを考えてみてもらいたい――これが加藤氏の願いだ。

オルタナ・フードには、「新しい食の選択肢」という意味合いもある。加藤氏は、この考え方を意識した生活をも実践している。例えば、コンビニやスーパーで何かを買う時。あえて賞味期限が迫っているものを選ぶ。この背景には「自分がこれを手に取らないと、廃棄される可能性が

ある」という考え方が隠されている。例えば、３００gの牛肉のステーキを食べる時。おいしく食べるのも大切だが、同時に３・３kgの穀物を食べていることを意識する。例えば、これまでの「おいしい」「安い」「ヘルシー」という食べ物を選ぶ時の基準に、「食べ物が生まれてから消費されるまでの過程で様々な社会問題とつながっていることへの意識」をプラスする。これも立派なオルタナ・フードの実践になるのだ。

「私たちは、食べ物を選ぶことができる。だからこそ、これからの時代はオルタナ・フードを意識した生活が必要になる。今、私たちの食べているものは何年か後には食べられなくなるかもしれないのだから」

人間だけの社会にいると、私たちは食物連鎖をなかなか意識しづらい。しかし大きな視点に立つと、すべては食物連鎖でつながっている。日々のこのような意識が、私たちを新しい食の次元へと連れていってくれる。そしてその先には、ダチョウが人類と自然との関わりを最適化してくれる未来が待っているのだ。

プロフィール

Queen's Ostrich　創業者　加藤 貴之 氏

ダチョウの伝道師＆国産高級ダチョウ肉専門店 Queen's Ostrich 創業者。東日本大震災で当時勤めていた会社が開店休業状態になり、被災地ボランティアを行う中、たまたま出会ったダチョウ肉に大きな可能性を見出し、ダチョウ肉の普及活動を始める。肉の流通だけでなく、牧場の立ち上げや運営支援などにも取り組み、ダチョウ肉が日常的に食べられる世界を目指す。

地球と共生するビジネスの先駆者たち　第5話

地球と共生するビジネスの先駆者たち

第5話

ゴミをお金に変える！
持続可能な循環型社会に向けての挑戦

環境コンサルタント　株式会社シューファルシ 代表取締役　武本かや氏

そのゴミ、お金になりますよ？

「ゴミは処分の仕方次第で、リスクにも利益にもなるんやで！」

「環境活動は儲からんという前に、どうしたらお金になるかを考えるのが先ちゃうの？」

歯切れのいい関西弁で、まるで水を得た魚のようにゴミのことを語る女性がいる。環境コンサルタントの武本かや氏である。

難しそうだと敬遠されがちな廃棄物処理の知識を、業界内外にわかりやすく発信。廃棄物処理業界、排出事業者、一般市民と、幅広い層を対象に講演やコンサルティング活動を行う。現在は兵庫県産業廃棄物協会青年部の統括幹事を務め、業界内でも一目置かれる存在だ。

業界団体における職務の他に、研修会社の経営、金属リサイクル会社の現場管理、ＮＰＯ法人「環境カウンセラーの会ひょうご」の副理事長も務める。プライベートでは3児の母。体がいくつあっても足りないというが、「どのポジションにいても、私の仕事は資源を循環させること。いかにお金をかけず、周囲を巻き込んで、それぞれにメリットがある循環の仕組みを作れるか、それが私に求められている役割なんです」そう語る笑顔は、凛として清々しい。

人脈・お金・経験、ないものづくしからの船出

武本氏の実家は50年以上続く金属リサイクル会社だ。幼い頃から金属くずがお金に変わるのを見て育った。結婚後、実家の会社で事務を担当。そこでＩＳＯ１４００１について学んだことをきっかけに、ゴミの可能性の大きさに気づいたという。

「多くの企業は、環境のことを考えてもお金にならないと思っているから、ゴミにも無関心です。でも、ゴミはお金になる。それがわかれば、意識が変わると気づいた時に、これは私一人でも頑張ろう、やってやろうと思いました」

29歳の時、コンサルタントとして独立。講師としても若いが、業界の中では孫娘のような存在だった。若さ、女性、人目を引く存在感、とにかく目立つ要素しかない。そのうえ、歯に衣着せぬ物言い。「そんなことしていたら、会社の利益に結びつかないでしょう！」当然、反感を買うことも多かったという。アンケートに厳しいことを書かれ落ち込むこともあったが、3秒後には「でも、あんたできてないやん！　だから利益出てないんやろ?」持ち前の負けん気の強さで立ち直った。

当時の武本氏の勝負服は、ミニスカート、ピンヒール。講演もそのスタイルで登壇した。元気なお姉ちゃんが何を話すんやろ?　はじめはポカンとしていた参加者の表情がどんどん真剣になっていくのを見て、心の中でガッツポーズをしたという。

敵は多かったが、徐々に味方も増えていった。

「とにかく、人とのつながりを大切にしました。有識者、学者、業界の重鎮の方々……、お会いした方の知識と経験を、いかに、自分のものにするか。みなさん、私があまりにも無知なので、そんなことも知らないのか！　と丁寧に教えてくださるんです。それを自分で再度調べて、講演やコンサルティングに活かしました。おかげで、『若いのによく知っていますね！』と信頼してもらえるようになりました」

企業向けの講演では、自身が作った仕組みで売上が3億から5億になった事例など、利益を出す具体的な方法を提示した。経営者、中間管理職、新人、いずれの立場からでも語れる強みを活かし、現場に即した実践的な情報を惜しみなく提供した。現場を知るものは強い。参加者から後日「聞いたとおりにやったら、こんなに儲かりました！」嬉しい報告をもらうことも増えていった。

ライバルを寄せつけない圧倒的な発信力

さらに、武本氏の強みは、行動力と共に併せ持つ「発信力」だという。

「環境コンサルタントを名乗る人は多いですが、私ほど積極的に、環境や業界の活動について発信している人間はいないと自負しています。周囲の目には、ゴミのことをワーワー言うてる女性として映るかもしれません。でも、FACEBOOKでの私の発信を見て、ゴミや環境に対する理解が深まったと言ってくれる人もいるんですよ」

例えば、武本氏が業界についての情報を発信すると、つながりのある専門家たちからコメントがつく。難解なものには「どういうこと？　わからへん」と返すと、わかりやすい内容でまたコメントが。それを読んだ一般の人から「勉強になった、よく理解できた」という感想が寄せられることも少なくない。もちろん、嬉しい反応ばかりではなく、心ない言葉や批判を浴びることもしょっちゅうだ。しかし、それもネタになる。

「自分が発信し続けることで、廃棄物処理やリサイクルのルールを知り、気をつけようと思う人が増えればそれでいいのです」

不用品回収・遺品整理、便利さの裏にある危険とは

近年よく耳にする、不用品回収や遺品整理。ポスティングされたチラシを見たことがある人

も多いだろう。しかし中には、無許可で営業している業者も存在する。そのルートで回収されたゴミの多くは、不法に投棄される可能性が高い。

「お片づけブームに乗って、『遺品整理業を始めたので廃棄物処理業者を紹介してください』と言ってくる人がいますが、冗談じゃない。廃棄物処理業者は厳しい規制と法律の中、多くの制約を受けながら活動しています。そのリスクを負わずに、無料あるいはぼったくりのような高額請求をして、勝手にゴミだけ持っていくって、おかしいですよね」

不用品はその処分だけでなく、収集運搬にも廃棄物処理業の許可が必要だ。片づけ、遺品整理といいながら家庭のゴミを回収する、これは明らかに違法である。また、意外に知られていないことだが、廃棄物処理業を営む経営者・役員・株主は、法に定める「欠格要件」に抵触すると、許可取消など廃業の危機に追い込まれることになる。例えば、私生活で酔ってケンカになり、傷害事件を起こしたらたちまちアウトだ。ゴミを排出する企業以上にコンプライアンスを遵守しているのが、現代の廃棄物処理業者なのである。

ホームページがきれい、便利だし親切そうだと思っても、許可のない業者は利用しないで！

と武本氏は語気を強める。不用品が目の前から消えればそれでいい、お金をかけたくないと安易な選択をする人がいるが、最終的にそのゴミが不法に処理された場合、責任を問われるのは排出者、つまり依頼者自身なのだ（廃棄物処理法）。ちなみに廃棄物の不適正処理にかかる罰則は、殺人と同じくらい厳しい罰則なのである。

ゴミをエネルギーに変えれば、ゴミゼロ社会が実現する

便利で快適な暮らしの追求により、日々、多くのものが世界中で開発されている。しかし、その中には、時間の経過とともに有害物質に変わるものも少なくない。

武本氏は「一番安定しているのは、廃棄物を燃やした熱をエネルギーに変えること」だと言う。ゴミを燃やして電力にする、すでにその方法で自社電力をまかなっている企業もあるそうだ。ゴミを捨てる＝自分の目の前からなくす、その先に、「ゴミをエネルギーに変える」という発想があれば、ゴミゼロ社会の実現は夢ではない。

京都市では１９９７年より、一般家庭やレストランから出る使用済み食用油でバイオディー

ゼル燃料を製造。ゴミ収集車や市バス燃料にあてる「バイオディーゼル燃料化事業」に取り組んでいる。ゴミの火力発電も、市民、業界団体、行政が協力して取り組めば、実現できる可能性は十分にある。自分たちが出したゴミが電気に変換されて送られてくる、そうなれば電気代も今より安くなるかもしれない。

ゴミに対するネガティブな発想を「希望」に

リサイクル、エコ活動、資源循環といわれてもピンとこないが、お金に変わると思えば興味が湧く、それは企業も個人も同じであろう。例えば、ある企業では、ゴミの分別を徹底し、金属製品はすべてリサイクルに回すことで、年間の廃棄費用が60万円から１２０００円になったという。

家庭ゴミでも、集合住宅など戸数が多い自治体の場合、缶・びん・ペットボトルなどの資源ゴミは、リサイクル業者と個別で契約することでまとまったお金になる。紙資源も同様だ。子供のおもちゃは、不用になっても値段がつく積み木や木製の知育玩具を選ぶ。本、フィギア、衣類は、保管しておいて売る。最近はフリマアプリの充実により、不用品をお金に変えるシステムも以前より身近なものになっているのではないだろうか。つい気が重くなる片付けや大掃除も、意識ひとつで宝探しに変わる。自分たちのゴミがお金になる、それは地球にも環境にもお財布にも優しい、究極のエコ活動だ。

子供の未来を守る、環境教育は大人の責任

環境問題への取り組みは、マナーやモラルを頼みにする部分が大きい。しかしそれを、家庭であれ職場であれ、子供たちに教えられる大人が少ない、というのが武本氏の懸念である。

「子供たちがゴミのことや資源リサイクルについて知らないまま大人になれば、便利で快適な生活はやがて崩壊します。自分の子供が大人になった時に生活する世界を、汚染された今の中国のようにしたくない。少なくとも今と同じ環境を、次世代に引き継ぎたいですよね。私がこの活動をしているのはそれだけ、その信念だけでやっています」

子は親の背中を見て育つというが、武本氏の信念は、最愛の子供たちにもしっかりと受け継がれているようだ。それを物語るエピソードがある。

子供の友達が遊びに来た時のこと。ベランダにあるアルミ缶を見た友達が「ベランダにゴミあるぞ、お前の家はゴミ溜めてるのか」と言ったそうだ。だが小学生のお子さんは即座にこう答えたという。「何言うてんねん、あれはゴミちゃう、お金やで！」「あれ売りに行ったら、2000円くらいになるんやで！」

起業家精神を育てる教育が盛んな海外では、針金のハンガーをクリーニング屋に売りに行くなど、リサイクルでお金を稼ぐ経験を子供の頃からさせている。日本の環境教育の稚拙さを嘆くことは簡単だが、子供にとって最大の環境はやはり家庭であり、親である。「その点、我が家はかなり進んでいますよね」と、武本氏の表情は誇らしげだ。母の力は、偉大である。

2030年へ、国連と共に進む

「環境産業の分野は、トータルで約120兆円の市場規模。私はその一割を取りたい」と大きな野望をカラリと語る武本氏だが、その根底には育ててもらった業界への強い思いがある。「一割を取るには、私一人の力ではできません。周りの力が必要です。私が大きく伸びれば、周囲を一緒に引き上げることができる」

駆け出しの頃、陰日向に助けてくれる先人たちに「いつかお返ししますね」と伝えると、「返さんでいい、自分が飛び抜けたら、その時に俺たちを引っ張ってくれ」という言葉が返ってきたという。自由に頑張ろう、肩の荷が下りると同時に、「業界全体を引き上げる存在になろう」、覚悟が決まった。

2015年9月、国連で採択された「持続可能な開発のための2030アジェンダ」。武本氏はそこに盛り込まれている、世界を変えるための17の目標「SDGs（エス・ディージーズ）」を活動の指針に据えた。環境コンサルタントとしての活動は、「目標12　つくる責任、つかう責任」の達成につながる。

「日本では、2020年東京オリンピックを目指して、という風潮がありますが、東京オリンピックが終わったら、日本の経済は下降線です。だから2020年を目標にしてはダメ。国連のアジェンダは、2030年を目指し、貧困や飢餓、エネルギー、気候変動、平和的社会といった持続可能な開発に取り組もうというもの。だから私は国連と共に進んでいきます。ゆくゆくは環境サミットでスピーチしたいですね」

「環境」をキーワードに実績と信頼を積み重ねて6年。大切な人のため、恩返しのため、武本氏が見つめるステージは世界だ。

地球からもらった優しさは、優しい状態で返したい

地球の資源は有限、まして日本は海に囲まれた小さな島国である。廃棄物からの資源抽出、ゴミのエネルギー転換など、資源を循環させる仕組みづくりは待ったなしの最重要課題だ。

「混ぜればゴミ、分ければ資源」

リサイクル法のことをもっと知ろう、捨てる時のことを考えてモノを買おう、ひと手間惜しむのをやめよう……一人ひとりの意識が育てば、仕組みが変わり環境も変わる。そうすれば、必然的に子供や大切な人たちが、笑顔で安全に暮らせる未来環境を築くことができるのだ。

「私たちは地球からの恵みを得て生きています。身の回りにあるものはすべて地球の資源を利用してできているもの。だから、それを地球に返す時は、できるだけ優しい状態にして返したい。それが本当だと思いませんか？」

地球からもらっているのは、優しさ。だから、返す時も、優しい状態で返そう。それが武本氏の考える、地球との共生だ。

廃棄物処理法の実務とリスク管理についてまとめられたＤＶＤ教材。

2016 年に「ゴミは会社を救う！環境と社会に良いことをして儲かる会社を創る方法」（カナリアコミュニケーションズ）を出版。
表紙の写真の背景は武本氏の母親が経営する金属リサイクル会社。

一般廃棄物及び産業廃棄物の中間処理施設の掲示前で撮影。

プロフィール

環境コンサルタント
株式会社シューファルシ　代表取締役
武本 かや 氏

一般社団法人兵庫県産業廃棄物協会青年部統括幹事。1980年兵庫県生まれ。2012年に廃棄物処理実務に特化した環境コンサルタント事業を起業。「ゴミからコスト削減」という独自の切り口で、各種業界団体、廃棄物関連企業の経営戦略を支援。「地球にも家計にも優しいモノの捨て方」「身近なエコ「ごみ」と「3R」について学ぼう！」など、地球に優しい活動に着目した市民向け講座も全国で好評を得ている。著書に「ゴミは会社を救う」（カナリアコミュニケーションズ）。

地球と共生するビジネスの先駆者たち　第6話

地球環境を良くし、人々を健康にする オーガニック農業の創出

ハーモニーライフ農園　大賀昌氏

(1)オーガニックの作物を育て、その素晴らしさを世界に

現代の私たちの食べ物は、農薬や化学肥料、そして添加物で汚染され、環境と地球を破壊し続けている。今の農業を変えるには、消費者が「農薬や化学肥料を使った食べ物は、健康に悪く子供にも食べさせられない」と声をあげること。

「急いでやらないと間に合わない」

そう語るのは、1999年からタイでオーガニック農業のハーモニーライフ農園を経営している大賀昌氏である。大賀氏は、病院勤務と医療器具販売の経験から、「病気は防ぐもの。健康になるには、食べ物から変えていくこと」だと感じ、43歳で地位と財産を手放し、多くの人々の協力を得て、タイでオーガニック農業を始めた。自然破壊をやめ、地球環境に貢献できる仕事をするのが一番の目的だったという。現在は、オーガニック農産物の栽培と販売をはじめ、オーガニック加工食品の製造と環境に良い製品の製造、オーガニック農業研修、そしてオーガニックのアンテナショップとレストランの経営と、三つの事業を柱に農園を経営している。一つ一つ説明しよう。

オーガニック農産物の栽培と販売、加工食品の製造

広さ12万平米（約4万坪）の農園で、70種類以上の作物を育て、タイのスーパーやデパート、そしてアンテナショップで販売。農作物はすべてオーガニックで、農薬と化学肥料を一切使わない。これは大賀氏が創業の最初から決めていたことだ。

農園には第一工場と第二工場の二つの工場があり、第一工場はオーガニック加工食品とハーブ

製品を製造。オーガニックハーブを使用したシャンプーや石けん、天然洗剤は、使うとすぐに成分が分解されて河川を汚染することはない。

もう一つの工場ではオーガニック酵素飲料を製造している。自社農園で栽培したオーガニック原材料を使用した酵素飲料は、世界でも希少な酵素飲料で、ハーモニーライフを代表する製品の一つとなっている。工場で生産された数々の製品は、タイ国内のマーケットで販売されるほか、世界12か国に輸出されている。

連日多くのお客様で賑わうレストランとアンテナショップ「SUSTAINA」。

アンテナショップとオーガニックレストランSUSTAINA

「地球環境を守るオーガニックの大切さを伝えていかなくては」という思いから、2010年にオーガニック農作物や製品を販売するアンテナショップと、オーガニックレストランをバンコクの中心地にオープンすることができた。ショップ、レストラン共に毎日多くのお客様で賑わっている。オープン当初はタイに駐在している日本人のお客様がほとんどだったが、今ではタイ人のお客様、欧米人のお客様も増えてきている。

オーガニック農業研修

ハーモニーライフ農園では、食の安全と地球環境に貢献するオーガニック農業を広げる目的で、農業研修を10年以上前にスタート。今では年間約６００名の人々が研修のため、タイ国内、マレーシア、カンボジア、ラオス、フィリピン、そして日本からと訪れてくる。訪問や見学者は週に１００名を超え、地域農業の団体で３００名以上、大学関係者が50名以上のグループで来ることも。年間に何千人もの見学者がハーモニーライフ農園を訪れているのである。

⑵ハーモニーライフ農園を創業するまで

健康に生きるための食べ物のはずが

大賀氏は大学を卒業後、25歳からオーストラリアの総合病院の老人科病棟で、看護師のサポート業務に2年半従事した。28歳で日本に帰り、医療器具メーカーに入社。病院と医療器具メーカー

世界遺産カオヤイ山脈の麓、標高400メートルにある農園。

の勤務で、大賀氏は健康と食べ物について様々な問題を抱えていることに気が付いた。本来食べ物は、健康に生きるために食べるもの。しかしスーパーで売られている卵、鶏、養殖のエビや魚には、抗生物質やホルモン剤が使われ、野菜や果物には農薬がまかれている。加工食品は、日持ちや見た目、それに良い味、良い匂いのために、化学調味料や添加物を入れる必要がある。

高血圧、高脂血症、糖尿病、脳溢血、またはガンなどの病気の原因は、食べ物がどんどん悪くなってきているからだと大賀氏は考えた。食べ物が健康のためではなく、企業の利益のためにある現実を前に、「本来の食べ物の目的である、安全で健康を守る食べ物をつくる必要がある」「病気を予防し、健康であるためには食べ物を変えることが一番だ」という思いを深めていった。こうして大賀氏は、医療用具製造会社を退職して、オーガニック農業をすることを決断したのだ。

地球の環境問題はこのままで良いのか

地球の環境問題は深刻だ。タイの農家が農薬や化学肥料を使用している割合は、ほぼ１００％と言っていい。農薬をまく目的の多くは、野菜を食べる害虫を駆除するためだ。しかし農薬をまくことで、野菜を食べない虫も一緒に殺してしまう。タイだけでも国土の70％の農地で農薬をまき、そこに生息している多くの虫を殺している。虫は食物連鎖（フードチェーン）の最初の生き物だ。人間を含むすべての生き物は食物連鎖でつながっているが、その一番下の虫を世界中で殺し続けているのである。農薬・化学肥料は雨で河川に流れ、行きつく先は海。農薬を使用することで自然と地球環境をどれだけ壊しているか、想像に難くない。日本では、輸入食物は残留農薬の検査をするが、日本国内で作られたものは残留農薬検査をしないでスーパーに出回る。食べ物に農薬がどのくらい残っているのか？　誰にも分からないのが現実なのだ。

財産を手放してゼロから創業

大賀氏は医療器具メーカーのタイの現地法人の社長に就いていたが、40歳になった頃から、このままサラリーマンをやり続けるのか、今の生活を全部手放して本当に自分がやりたいこと、世の中に必要なことをゼロからやるのか、妻と3人の子供たちはどうするのか。悩みに悩み抜いて、43歳のときに15年間勤めていた会社を辞める決断をする。

そして1999年、タイでオーガニック農業をするために、日本にある家や財産を手放し、ハーモニーライフ農園を立ち上げた。同じ目的を持つ協力者もでき、最初に世界遺産の一つであるカオヤイ山脈の麓、標高400メートルの場所に農地を手に入れた。そこから困難の日々が始まる。

⑶年間闘い続けた病虫害

一番の苦労は、病虫害が絶えないことだった。タイは年中暑いうえに乾季と雨季、虫は一年中いて、大雨で根腐れを起こし様々な病気がはびこる。目の前で野菜や果物が虫に食われ、病気になっていく。しかし農薬は一切使えない。このため、最初は赤字続きで手持ちの資金もなくなり、銀行だけではなく友達からも借金をしてやりくりする状態。「家にも仕送りができない状態になり、子供たちや家内には苦労させましたが、何とか理解して大変な状況の中我慢してくれました」と大賀氏は明かす。

病虫害の7割を減らした肥料

病虫害を克服するために、大賀氏はオーガニック先進国であるアメリカやヨーロッパへ勉強に行き、タイの田舎の農家も見学した。様々な書籍や文献を読み、実際に新しい方法を農園で試して確かめることで、少しずつオーガニック農法を確立していき、6年かけて病虫害の7割を減らすことに成功したのである。

病虫害を克服できた大きな要因の一つは、肥料だ。現在農園では、3種類の肥料を使っている。わらや草と鶏糞、牛糞を半年間発酵させて作る堆肥、糠や籾殻と牛糞、鶏糞を混ぜて作る栄養価の高いぼかし肥料、そして魚を発酵させて作る液体肥料である。買ってきた牛糞や鶏糞を交ぜて作った堆肥やぼかし肥料を使うと、病虫害が絶えない。牛糞や鶏糞が臭いのは当たり前だと思っていた。しかし鶏や牛は、本来外に出て草や虫を食べるが、屋内で配合飼料を食べるから消化不良を起こし、鶏糞や牛糞に腐敗菌が入って臭くなっていたのである。腐敗菌の多い鶏糞や牛糞を使用した堆肥やぼかし肥料は腐敗菌の多い肥料になり、それが病虫害の大きな原因になっていた。そのことに数年間、気がつかなかった。そこで、鶏2000羽、牛6頭からスタートして放し飼いにし、鶏の餌は全部ハーモニーライフ農園で栽培したオーガニック野菜にした。牛は草だけを食べさせた。そうやって飼育した牛と鶏の糞は臭くなく、発酵して良い匂いになった。その鶏糞と牛糞で堆肥とぼかし肥料を作ると、それまでの病虫害が10だとすれば3にまで激減したのである。

EM（Effective Microorganisms）の存在

それでもまだ3割の問題が残っていた。次は、イースト菌、乳酸菌、酵母菌、麹菌、納豆菌など、昔から人間の知恵として使ってきた有用微生物群に目をつけた。１gの良い土には、約４億個から８億個の微生物がいる。要するに、土とは微生物の塊だといえる。微生物は栄養素を分解して、植物の根が栄養を吸収しやすい形にしてくれる。大賀氏は良い土を作るため、有用微生物、つまりＥＭ（Effective Microorganisms）の世界的な権威である琉球大学教授の比嘉照夫氏に直接教えを請い、ＥＭを勉強した。

現在は、自社農園でオーガニック栽培した農作物から作るオーガニック酵素飲料の発酵の過程から、ＥＭを自社工場で培養している。ＥＭを農園で使い始めたのが２０１０年頃。そこからまた病虫害が激減し、農作物はきれいにできるようになり、何よりも元気な野菜ができるようになった。例えば、水耕栽培のレタスは冷蔵庫に入れても2~3日しかもたず、その後は茶色い汁が出る。これは、水と化学肥料で作っているからだ。ハーモニーライフ農園で作ったレタスは冷蔵庫で2~3週間はビクともしない。野菜の命、生命力が違うのだ。

大賀氏は、大きな発見をしたという。それは、生命力のある元気な野菜や果物は、虫も食べなければ病気にもならない。人間が、農薬や化学肥料を使用すればするほど生命力のない弱い農作物になり、病虫害が多発するようになる。野菜は弱くなればなるほど病虫害になり、農薬や化学肥料を使えば使うほど、虫も病気も増える。現代の農業の一番大きな問題は、この悪循環を起こしていることだ。このことに気づいた時、大賀氏は発想を180度変えた。それまではどうやって病気を予防するか、いかに虫を追っ払うかばかりを考えていた。そうではなく、いかに元気な野菜や果物を栽培するかに変え、良い微生物を入れた良い肥料で良い土を作った。すると野菜が元気になり、病虫害は激減したのである。

F1の種（タネ）と品種改良

世界的な大きな問題の一つが、種だと大賀氏は言う。一代交配種、つまり同じ子供ができない「F1」（エフワン）といわれる種が大部分を占めている。昔の農業では、農家が畑になった種を大切に保存して、時期が来たらまく、つまり植物は代々つながっていたのだ。ところが、それだと種屋は儲からない。様々な種類をかけ合わせ、もっと美味しく甘く、そして大きくしてたくさん収穫できるようになった。これは人間の欲である。交配を何度もしている植物は次世代になると先祖戻りしてどの代が出て来るかわからない。同じ野菜にならないのが「F1」である。

どんな植物も数百年、何千年もの間に自然環境に打ち勝ち、種を残しながら増えてきた。原種は病虫害や気候の変化など様々なことを乗り越えてきたのだ。問題は、その原種を操作して品種改良という言葉で、美味しく、甘く、大きくしてきたが、原種から離れれば離れるほど、植物は弱くなるということである。良い例がトマトだ。トマトはミニトマトが原種に近く、病虫害に強く、雨が降っても強い。人間の欲でトマトを大きくしてきた結果、雨にあたるだけですぐに病気になるほど弱くなってしまった。ハウスで育てた弱いトマトを、みんなが美味しいと言って食べているのである。

食べ物は、美味しいのと健康に良いのとは違うと大賀氏は言う。本来は食べて元気になるのが食べ物。すべての食べ物は美味しければ良いというふうになってしまったのがそもそも間違いなのだと。

そして、遺伝子組み換えの種もまた問題である。ヨーロッパやアメリカの長い歴史の中で、人々はパンを食べてきた。そのパンの原料の小麦でも現在食物アレルギーが問題になっている。大賀氏の考えるこのアレルギーの原因は二つだ。一つは、戦後になって使うようになった農薬と化学肥料。もう一つは、品種改良や遺伝子組み換えだ。今の小麦と50年前に食べていた小麦は、名前と見た目は同じだが、１００％違うものだという。アレルギーという体の反応は「これは人間が食べるものじゃないですよ」というメッセージなのだ。

⑷地球との共生

現代の農業がオーガニック農業に返るだけで、地球上の食べ物や環境は良くなり、人びとが健康になる。食べ物だけではなく、石けん、シャンプー、化粧品、洗剤などの日用品も自然環境に負担をかけないオーガニック製品やナチュラル製品が広がれば、地球はもっと良くなる。オーガニック農業は世界になかなか広がらないが、難しいかというと、そうではない。もし私たちが、農薬や化学肥料、それに添加物の入った食べ物を拒否すれば、今の農業は変わらざるを得なくなる。唯一変えられるのは、私たち消費者なのだ。冒頭でも伝えた通り、「急いでやらないと間に合わない」と、大賀氏は警鐘を鳴らす。

消費者ができること、それは安全な食べ物を選び、安全ではない食べ物に「ＮＯ」を言うこと。共に地球の自然環境を良くしていきたいと、大賀氏は話す。オーガニックが広がることが、安心、安全な食べ物を多く作ることになり、地球の自然と環境を守ることができる。そういった決意のもとに、大賀氏は動き続ける。

消費者の健康に良い野菜づくりを続けるハーモニーライフ農園。

健康に良い食べ物と地球環境に優しい農業を求めて、この農園には世界中の人たちが研修にやって来る。

プロフィール

ハーモニーライフ農園　大賀 昌 氏

1956年宮崎市に生まれる。東海大学海洋学部卒業。1981年からオーストラリアマーシー総合病院、1984年から日本の医療器具メーカーを経て、1999年にタイ国にHarmony Life International Co., Ltd.及びオーガニック農園のHarmony Life Organic Farmを設立。『自然と人間の調和』を会社の理念として、オーガニック農園の経営、オーガニック農法の世界への普及、また、自社工場でオーガニック食品と環境に良い製品の開発と製造に取り組む。

地球と共生するビジネスの先駆者たち　第7話

地球と共生するビジネスの先駆者たち
第7話

すべてのリサイクル業を協調して地球をきれいに美しく

会宝産業株式会社　近藤 典彦 氏

(1)「静脈産業」を地で行く、会宝産業とは

モノを新しく生み出し製造する側は「動脈産業」。要らなくなったものを回収し再資源化、再利用する側は「静脈産業」。この言葉の通り、静脈産業のトップを走り続けているのが、石川県金沢市にある自動車リサイクル業、会宝産業株式会社の創業者、現在は会長の近藤典彦氏である。

動脈産業であるメーカーは、品質を高くするために技術をみがき、競争し合いながらより良

いモノを作る。一方で、静脈産業であるリサイクル業者は、協調することで、廃棄されたあらゆるものを循環させる。再資源化された素材から新しいモノを作って売り、またリサイクルするという循環社会の実現。それ以外に環境を保全し地球をきれいにする道はない。それが近藤氏の考えだ。

近藤氏は１９６７年、自動車解体業「近藤自動車商会」を創業。現在、社員は98名になり、世界85か国に中古の自動車部品を輸出、販売している。さらに中古部品の評価基準規格づくりや、品質管理、販売管理のネットワークづくりも手がける。今後は、静脈産業では初の株式公開も視野に入れ、事業のさらなる発展をはかる。

会宝産業では、中古車販売店やリース会社、それに一般ユーザーから、使われなくなった車輛を仕入れて解体。そこから再利用できるものは中古部品として、使えないものは鉄・銅・アルミニウムなどに分別、再資源化し、素材として国内外へ販売。自動車のリサイクル率は95％に達している。

また、「生涯雇用」を実現すべく農業部門をつくった。ここでもリサイクルが徹底されており、会社から年間10万リットル出る廃油をエネルギーとするボイラーと温風機を開発し、ハウス栽培に活用している。

「近藤自動車商会」創業

今では自動車リサイクル業のリーディングカンパニーに成長した会宝産業も、最初は近藤氏一人からのスタートだった。近藤氏は18歳になると、東京に出て住み込みで働き始めるも、3年が過ぎた時に父親が脳梗塞で倒れ、金沢へ帰ることを決める。この時、近藤氏は21歳だった。金沢へ帰ってからは、自動車の解体方法の知識を習得するため、地元の解体事業者に頼み込み、無給で3か月間働いて勉強した。そして1967年3月、「近藤自動車商会」として自動車解体業をスタートさせたのである。

その後も順調に業績を上げ、1992年に社名を「会宝産業」と改め、社員12人ほどで再スタートを切る。

・社員が宝に会える会社
・ご縁を宝とする会社

・オープンで嘘偽りのない「開放」された会社

「会宝産業」という社名の由来となった、この三つの会社の在り方は、今でも実践していると いう。

未来思考型である近藤氏

これまで会社が大きくなったことだけを見れば順調に来たといえるが、苦労や失敗は数多くあったという。しかし、「過去の苦労や失敗は自分のエネルギーに変える、未来志向型のタイプ」だと自らを表現する。その未来志向型の考え方は、東京で3年間住み込みで働いた時に培われたという。その期間は睡眠時間も少なく、何度も理不尽な目に合い、働いても報われることは一切なかったが、それが今ではすべて役に立っていると感じているそうだ。それを乗り越えてきたからこそ、今の成長があり、苦労は必要不可欠なことだったと、今ではその会社に感謝していると近藤氏は振り返る。

「過去の出来事は、すべて必要でベスト」。そう考えるのは「人間は１００％死ぬ」という彼が持つ死生観によるものだという。死ぬと分かっているのに、人は何かを守りたがり、お金を必要以上に持ちたがり、自分の保身のために物事をごまかしてしまうと。そんな人たちを見て、私利私欲のために生きるのではなく、多くの人たちのために何ができるかを考えた方が人生は楽しい。現在70歳の近藤氏は、「残り約10年の人生を、夢を持って人の役に立てることを徹底的にやってみたい」と意欲的だ。

(2)海外展開で見えてきた、地球のゴミ問題

海外への足がかり

今から20年ほど前、日本国内は中古部品の全盛期だったこともあり、近藤氏は海外も視野に入れ始めた。海外へ出るきっかけは、大阪で繊維商社を経営する一人のインド人との出会い。そのインド人男性は、海外から自動車部品を受注していた。そこへ、近藤氏に部品を調達したいと持ちかけたのだ。この取引が、後に会宝産業が世界85か国への輸出を展開する足がかりとなる。

自動車リサイクルの正しい方法を学ぶナイジェリアの人たち。

紹介されたクェートの顧客は中古部品を見て、スクラップの山の中から、これも欲しい、あれも欲しいと部品を取り出した。その光景を見て、日本ではスクラップにされているものが、部品として売れることに彼は目を丸くしたという。

日本では、売れるかどうか分からないものをストックしておく必要があり、必ずデッドストックが出る。しかしクェートの顧客は、ストックしておけばコンスタントに買ってくれるという。それは願ってもない話だ。インド人男性が他にも海外の注文者を紹介してくれ、取引をするうちに、「日本ではスクラップにされているものも、海外なら3倍の値段で売れる」という確信を得た。

現地の人たちと積極的に交流する近藤氏。

「現場・現物・現実」の3現主義である近藤氏は、迷わず実際に海外の現場に飛ぶことになる。最初に行ったシンガポールを皮切りに、取引がある85か国のうち60か国以上の現場に実際に足を運んだ。「中南米やアフリカ、中東、ロシア、アジア、車が走る国ならどこへでも行きました」と、近藤氏は顔をほころばせながら話す。

世界中でゴミ問題が起きている

やがて海外の現場を回るうちに分かったことの一つは、多くの場所でゴミ問題が発生していること。モノを作りだすことは利益を生むけれど、その「後始末の方法」が分からず、皆困っているのである。途上国はゴミ処理ができない。最初は砂漠の空き地のような場所にどんどんゴミを置く。何でも一緒に混ぜるので臭いがする。ゴミを燃やすとCO_2が排出される。ゴミが山になったら、次は穴を掘って埋めて砂をかける。すると今度はガスが発生するという結末が待っているのである。

現在、会宝産業では明和工業株式会社（金沢市）と炭化装置を共同開発しており、ゴミを燃やさず、１６００℃ほどの水蒸気で廃材を炭にする仕組みでゴミの処理をしている。炭になったゴミは、野菜畑の土に入れる。隙間の多い炭には良いバクテリアが棲む。すると良い土ができ、良い野菜が収穫できる。炭化装置ができたらゴミ問題は解決でき、さらに農業にも貢献できるというわけだ。

車からお金になるものだけを取り出して、それを売ると商売になる。残りの放置されてゴミになったものの後始末をするのが、静脈産業の役割だと近藤氏は考える。当然のように、海外でも自動車リサイクル工場を作ることになった。

自動車リサイクルの正しい方法を世界へ

世界の自動車産業に日本の精緻な自動車リサイクル方法を広めたいと、２０１０年、研修センター「IREC」（アイレック　International Recycling Education Center　国際リサイクル教育センター）を創設。ほどなくJICA（ジャイカ　Japan International Cooperation Agency　独立行政法人国際協力機構）から「中南米自動車リサイクルプロジェクト」を受託。ブラジル、メキシコ、アルゼンチン、そしてコロンビアから14名が来日し、IRECで3週間にわたる研修を受講した。

その中のブラジルから来た1人の大学教授から「これは絶対にブラジルで必要になるから、教えてほしい」と言われ、ブラジルの大学でも自動車のリサイクルについて研修をすることになった。そしてこの事業は、JICAから委託を受けた形で、大学内の敷地にリサイクル工場と研修センターを創設することになったのだ（２０１７年9月にオープン予定である）。

ブラジルでは車がどんどん増えており、盗難車輌や放置車輌、それに事故車輌も多い。交通警察での保管は最大10年間と法律で定められ、増えるばかりの車輌に保管スペースは飽和状態だ。その中でも、都市サンパウロでは保管車輌が70万~80万台あり、今後は保管期間が10年間から2年間に変わる予定だ。そこで問題になるのが、解体業者がいないことである。それを解決すべく、大学、政府、民間がタッグを組んで、車輌解体とリサイクル、再資源化に取り組むことを、近藤氏はブラジルに提案している。ブラジルの大学内にあるIRECの研修修了者が、政府のリサイクル許認可制度により、車輌解体をできるようにするのだ。リサイクル業を許認可制にすることで、不正や闇のリサイクルも防げることになる。リサイクル・ネットワーク・システムが稼働すれば、保管されている車輌は適切に処理されるようになる。そうすれば地球環境に貢献できるだけでなく、そこには雇用も生まれるのだ。

(3)リサイクル業に安心と信頼をもたらすシステムづくり

中古部品の品質管理とトレーサビリティ

日本国内で生産される車は年間約960万台、海外へ輸出される車は450万台にも上る。会宝産業には、車輌仕入れから解体、部品管理、出荷管理、そして顧客管理まですべてを一元管理できる「KRAシステム」がある。中古部品の品質管理とトレーサビリティ、それに売上管理や損益予測も可能になるという、画期的なシステムだ。中古エンジンや部品の品質が明確に表示され、国内のみならず海外から日本に来たバイヤーにとっても、求める品質の部品を適切な価格で調達できる。現在KRAシステムは、世界24か国で導入されている。

中古エンジンの評価基準を世界的に統一 “PASS777” 規格

中古エンジンは中古部品の中で一番高く売れる。しかし1万キロしか走っていないエンジンも30万キロ走ったエンジンも「ひと山いくら」の商売で、これまではすべて価格が同じだった。その性能や品質を正当に精査、評価されることなく、市場に流されていたのが現実だ。売り手ですら、その価値が分からず、買い手との間にトラブルが起きることもあったという。

そこで２０１０年、会宝産業は、中古エンジンの品質評価基準ＪＲＳ（ジャパン・リユース・スタンダード）という会社独自の規格を定めたのである。このＪＲＳがベースとなり、２０１３年10月30日「PASS777」（パス・スリー・セブン Publicity Available Spesification）が、公開仕様書として英国規格協会から正式に発行され、世界標準規格として採用されることとなる。将来的には、ＩＳＯ規格に発展する可能性もあるという。

PASS777により、個々の中古エンジンに、世界で統一された評価基準規格による性能評価が、レーザーチャートで表示されるようになった。こうして、中古エンジンの品質とトレーサビリティの両方が明確になり、売り手と買い手の両者に安心と信頼をもたらしたのである。

中古部品オークション

次に会宝産業が手がけたのは、世界中のどこからでも参加でき、多くの言語に対応する、中古車部品のオークションシステムだ。２０１４年12月、ＵＡＥ（アラブ首長国連邦）のシャルジャで、中古部品のオークションを開始。シャルジャには中古部品業者が２０００社とも３０００社ともいわれるほど多く存在する。このオークション価格をベンチマークとして、部品の最低基準価格を設定し、廃棄車輌の査定に活用した。

⑷世界最高の車を作る日本は、世界最高の自動車解体技術を持つ

最高品質の日本車

日本車の品質は世界でも最高水準だ。なぜなら、アメリカは自動車メーカーが3社なのに対し、日本には約10社もある。しのぎを削り技術を競い合っているため、品質は高くなり、そもそもの査定基準が厳しいのである。加えて、日本はインフラが整備されているので車が傷まない。車検

制度により車は常に整備されている。少しの傷でも直すという、車を大切にする国民性も、中古部品の品質に大いに貢献する。また、本来は売れるものまで廃車になる場合もあり、リサイクル業者は状態の良い車を多く仕入れることができる。世界中の高品質な中古部品は、すべて日本から出たものだと近藤氏は話す。

静脈産業は競争から協調へ

一代で今の会社を築きあげ、現在会長となった近藤典彦氏は、静脈産業のいわば舞台づくりをしてきた。次は息子である社長の高行氏に、その舞台の上で地球全体の環境に貢献する事業をやってほしいと期待する。

冒頭で伝えた通り、中古車リサイクル業は静脈産業である。モノを新しく作るのは動脈側、廃棄されたものを回収して再利用・再資源化するのは静脈側と、ある意味明確に分かれている。だとすると、自動車のみならず、あらゆるモノがリサイクルできるような世の中になっていかないと地球はもたないのではないかと、近藤氏は危惧する。

廃棄車輌は中古部品の宝の山。

自動車リサイクル業は、工場の中で解体するので大きな建屋を必要とし、固定資産税が高くなる。一方で、家電製品をリサイクルしても、重量が軽いので採算が合わない。自動車と家電製品、携帯電話などのリサイクル業者が協調して、一か所で解体し、再資源化していきたいというのが、近藤氏のこれからの展望だ。

２００３年には、特定非営利活動法人ＲＵＭアライアンス（Re Use Motorization Alliance）を立ち上げた。現在は約20社の自動車リサイクル業者で、日本の自動車リサイクルが世界の標準モデルとなるよう、お互いに交流しながら技術を研鑽している。

近藤氏は、世界60か国を実際に回って自分の目で確かめ、日本の業者が最も精緻な自動車解体ができると確信している。世界をきれいにするために、日本人にしかできない技術を、日本人として世界に広めたいと情熱を持ち続ける。

プロフィール

会宝産業株式会社　近藤 典彦 氏

1947 年　金沢市に生まれる
1969 年　有限会社近藤自動車商会を創業
　　　　　金沢市で自動車解体業を始める
1992 年　会宝産業株式会社に改組　同社代表取締役
2003 年　内閣府認証 NPO 法人RUM アライアンスを設立　代表理事に就任
2006 年　第一回国際リサイクル会議
2008 年　第二回国際リサイクル会議
2009 年　第三回国際リサイクル会議を開催
2013 年　第 13 回アントレプレナー・オブ・ザ・イヤー　セミファイナリスト
　　　　　アクセラレーティング部門受賞
2014 年　船井財団グレートカンパニーアワード「勇気ある社会貢献チャレンジ賞」受賞

使用済み自動車のエンジン、部品等を世界 85 か国に輸出。徹底かつ革新的な IT 化により業界のリーディングカンパニーとなる。使い古された自動車部品を無駄なく再利用するための「静脈産業」の確立を目指す。

地球と共生するビジネスの先駆者たち　第8話

地球と共生するビジネスの先駆者たち 第8話

種はみんなのもの、次世代の子供たちのもの

社会企業家　ジョン・ムーア氏

(1)「本物の種」を次世代に

「大自然の声を聞いてみよう。現代の生活は地球から搾取するばかりで、地球に何も還していない。還さないと次の世代の子供たちは、大きなマイナスから人生を始めることになる。空気、水、そして種はみんなのもの、次世代の子供たちのものである。」

そう話すのは、植物の固定種を守り、増やして次世代へつなげる活動をしている、社会企業

家でオーガニックスペシャリストのジョン・ムーア氏である。

今、行動を起こさなければ、この地球はもっとひどくなると、ムーア氏は地球の未来を危惧する。生物の多様性が80％ほど消失したといわれている中、種を次世代につないでいかなければ地球の問題は解決しない。一緒に種をつくり、食べ物を育てよう。一緒に大自然の未来をつくろうと呼びかける。

彼は、言葉だけのオーガニックではなく、「種」（タネ）からオーガニック植物を育て、そこからまた種を採取する、「次世代へつながる種」をつくるための農業を広めている。セミナールームでは座学を、畑ではワークショップに汗を流す日々だ。

２０１２年、一般社団法人シーズオブライフを設立し、オーガニック教育プログラムやローカルシードライブラリーの設立支援、プロジェクトの企画運営、そして種から育てた植物製品をプロデュースする事業を展開。消費者の意識を変えるため、種からオーガニックで育てる家庭菜園の普及にも努める。

次世代を残せる種と残せない種

「次世代を残せる種」とは、いわゆる在来種や固定種といわれるものだ。これらは長年受け継がれたDNAを次の世代へと引き継ぎながら、より環境に順応した賢い種を次世代へ残すことができる。一方で、次世代を残せない種がある。F1（エフワン）種と呼ばれ、形やサイズが統一されるように交配や遺伝子操作が施されたものだ。できた種を植えても同等の作物は育たず、一世代で終わる。知恵が引き継がれることはないのだ。現在では食材のほとんどがF1種になっており、生物の多様性への影響や健康被害、農家への経済負担など、世界的に様々な問題が起こっている。

次世代に種を残す仕組み「シードライブラリー」

種がF1種に切り替えられる中、農家の高齢化も伴い、日本に残される在来種・固定種の種は危機的状況に陥っている。そこでムーア氏は、「ローカルシードライブラリー」を設立し、地元の種を保管し、育て、貸し借りができる仕組みをつくり始めた。この活動は種を守るだけでなく、その土地のお祭りや伝統食などの文化を守ることにもつながっている。そして、種とともに伝わる栽培法や、気候風土に関する知恵も守り、つないでいく。種を守ることは、豊かな暮らしを守ることでもあるのだ。種は、守るだけでは次世代へ引き継ぐことはできない。つなげるためには、増やさなくてはいけないのだ。

種から育てて次世代へ（SEED to SEED）

高知県南国市にある清和女子中学校で、2015年から「清和オーガニックス」という教育プログラムを実施している。「種から種、種から食べ物」がコンセプト。350年前に日本に入ってきたといわれる古代小麦の種を生徒たちの手でまき、育てて収穫、脱穀、そして製粉をする。そうやってできた小麦粉から、ピザやドーナッツを作って食べる。

人の手から手へと引き継がれる種。

収穫した小麦の半分を食べ、残り半分は種にして下級生に引き継ぐ。種から食べ物を作ること、種から種を採り次世代につなげること、この両方を実体験できる教育プログラムだ。

大自然の営みを体全体で体験する生徒たち。

オーガニック教育プログラムでは、食品添加物、薬品、DNAの意味なども学ぶ。

プログラムでは、農業だけではなく、食べ物の添加物や薬品、それに種のDNAの意味についても学ぶ。生徒たちは子供を産み育てるためにどんな食べ物を食べて、どういう体を作ればよいかを理解する。自分たちの体に良い食べ物を種から育てて収穫できることに、喜びを感じている。「今では、その学校の文化になりました」とムーア氏も目を細める。日本のお祭りは元々農業と密接に関わっていて、雨乞いや収穫祈願、そして収穫のお祝いを意味する。学校でも収穫祭を催し、麦が育つサイクルという大自然の営みと、生徒たちの学校生活がリンクするようになったのだ。

⑵食べ物の原点から変える取組み

種から育てたオーガニック植物を使って（SEED to FOOD, SEED to PRODUCT）

食べ物の原点は、まさしく種である。ムーア氏は「種から」育てた本物の食べ物を消費者に提供し、選んでもらう新たなフードシステムを作ることが大切だと話す。食べ物は、スーパーやコンビニエンスストアなど、どこでも手に入れることができるが、例えば野菜を買う時に、その中身に思いを寄せたことはあるだろうか。何の種で、どこでどんな土で、どのように育ったかを意識してほしいと彼は言う。

「オーガニック野菜」といわれる商品は、すでに市場にある。しかし種からオーガニックという考え方はないと言っていいだろう。オーガニック野菜といわれるものでも、種はF１種のこともあり、加工品になるとその傾向はもっと大きくなる。

ムーア氏は「種から食べ物」というコンセプトのもと、種から小麦を育てて収穫し、ピザやクッキー、ビールなど、食べ物の製品をプロデュースしている。種から育てたオーガニックでないと、本当に体に良いものはつくれない。そして、未来もつくれないのだ。

⑶消費者の「意識」を変える取組み

日本のオーガニック市場は、10年間0・25％のままである。にも関わらず、東京で「どのくらいオーガニック食品を食べていますか？」と聞くと10％や30％という答えが返ってくる。現実とはかなり隔たりがある。もちろん種のことは誰も知らないし興味もない。消費者の問題意識がないということもあり､市場が10年間変わっていないのである。一方で、世界を見るとオーガニック市場は前年比30％や40％に伸びている。

昔の固定種と今のＦ１種では、ＤＮＡがまったく異なり、Ｆ１種はビタミンなどの栄養がとても少ない。テキサス大学で約50年間にわたり、43種類の野菜の栄養価を、固定種とＦ１種で調べたところ、Ｆ１種の栄養価は約38％ダウンしている結果が出た。

固定種は、ＤＮＡが代々つながっている。過去の気候から来る知恵と経験を積み重ね、植物自体が未来に向けてアップデートして賢くなる。そのプロセスを必ず踏む。Ｆ１種が生きるのは１世代だけだ。問題は、消費者がこれらの事実を知らないこと。ムーア氏は「食べ物を『種』から意識してほしい」と強く訴える。

意識改革を進めるキッチンガーデン

　種を広めることは農家だけでは限界があるため、都会の家庭にも広めている。食べ物がＦ１種に次々と切り替わる中、残り少ない種をどうやってつないでいくかが課題だ。プロの農家だけにそれを依存できるかというと、逆にプロの農家は経済型の農業になっているため、Ｆ１種から固定種に切り替えることに非常に抵抗感がある。つまり農家の意識改革は実は難しいのだ。そこで、

狭いスペースで野菜を育てるキッチンガーデン。（上）　本物の土と種さえあれば、誰でも簡単に始めることができる。（下）

消費者自らが家庭菜園で種を持ち、次世代へつなぐ意識を多くの人に持ってもらう。それを実現するのが、自分の食べ物を自分で育てる「キッチンガーデン」構想だ。家庭菜園というと、庭がない、虫が出る、おしゃれじゃないというイメージを持たれる。そこで、「キッチンガーデン」にして気軽に取り組んでもらいやすいイメージにしたのだ。

オーガニック野菜を種から育てるのは、家庭のバルコニーやキッチンなど、狭いスペースでもできる。植物の種を植えて育て、食べ物を収穫する。毎月1万円～2万円分の量の野菜を育てることもできる。プロジェクトの目的は、意識改革と、消費者まで種を広めること。意識を変える

収穫したすべてを食べるのではなく、半分は種として次世代へつなぐ。（上） 500年間受け継がれてきたジャガイモの種芋。（下）

のに一番早いのは、自分でつくってみることだ。家庭菜園で野菜などを育てる場合、一般的に種はホームセンターなどでF1種を買う。しかし、「本物の種」に変えれば買う必要もない。野菜を作って食べ、種を採取すれば、翌年も同じように食卓には野菜が並ぶ。そして、次世代のために種を残すことができるのだ。消費者は、本物の種から育てることで食べ物への意識が変わり、種を採取することで地球とのつながり、次世代へのつながりを実感するだろう。

(4)いつの時代も人々の意識を変えるために活動してきた

なぜ今の活動をしているのかと質問すると、ムーア氏の答えは「他に選択肢はないから」ときっぱり。彼は4才からオーガニック農業を当たり前にやってきた。コピーライターとしてニューヨークにいた時代も、日本の広告代理店にいた時代も、「言葉で人の意識を変えていきたい。次のステージへ導いていきたい」という思いで仕事をしてきた。アウトドア用品のメーカーにいた時も、同じように人々の意識改革というものにずっと取り組んできたのだという。

地産地消では解決できない、都会との連携が必要

ムーア氏は高知県に移住し、種の大切さを世界に向けて発信してきた。ノマドワーカーのように全国各地へ活動に出向く生活スタイルは、時に限界を感じるようになる。本当は山の上で静かな人生を過ごし、静かに死にたいと思う時期もあったという。しかし田舎だけの地産地消では限界があることを知り、都市の人々までも巻き込んでいかないと、なかなか解決できない問題だと感じたのだ。そして、２０１６年に東京にも拠点を置いて活動を始める。

⑸企業や大学との連携

種はみんなのものだ。会社のものでも、国のものでもなく、次世代のものなのだ。種は、特許やライセンスでお金を儲ける手段ではない。ムーア氏は、種の大切さを理解してくれる人や企業と一緒に、活動して種を広めていきたいと考えている。

ある企業は、ムーア氏が育てた種から製品をつくり出す（SEED to PRODUCT）事業で、タ

イアップしたいと。また、プランターに在来種をまき、植物を育てていきたいと手をあげる企業もある。地元の種を使って「種から商品をつくりたいので、手伝ってほしい」というオファーも。２０１６年前後から、種の大切さを十分理解したうえで、ビジネスをやりたい、新しいものを作りたい、種から本当の食べ物をつくりたい、という企業との縁が広がる。２０１８年からは、野菜、米、麦、蕎麦、そして大豆などを種から育て、収穫されたもので作った食べ物を、市場に出す取り組みを始める予定だ。また、自家採取や固定種を使った農業に取り組んでくれる農家のために、販売先の確保や、場合によっては買い取りを保証する支援も計画中だ。

大学でオーガニック農法を基礎教育として学んできた学生と、キッチンガーデンのプロジェクトを一緒にやっていく計画もある。将来的にジョイントベンチャーを立ち上げる夢も抱いている。２０１６年に活動拠点を東京まで広げたのが功を奏したのか、こうした変化は時期を同じくして表れ始めた。これは、ムーア氏が求めていた「意識改革」のサイクルの始まりだ。「やっと時代が変わるタイミングが来ている」彼はそれを肌で感じているという。

⑹地球との共生

地球に還元するライフスタイルを

地球に還元するライフスタイルに変えていくためには、小さな行動から始めることだ。例えばYシャツではなく、コットンTシャツを着ることで、アイロンが要らなくなり、その分電気を使わない。車に乗らないで自転車に乗ることでガソリンを使わない。これが地球への還元になる。世界中の一人ひとりが少しずつ実践して続ければ、地球にとっては大きなインパクトになる。

人間も種も同じ。地球とつながっている

人間と惑星は、理屈の上では別ものだ。しかし惑星と人間は同じものなのだとムーア氏は捉える。人間は偉く、大自然とはちがう、動植物とは別物、というわけではない。惑星と人間が別のものだと考えるから、戦争が起きたり、原発を作ったり、F1種を育てたりする。惑星にダメージを与えることは、自分にダメージを与えることである。

人間の細胞の一つ一つが、ＤＮＡ、微生物のベースで地球とつながっている。この地球の最初の生き物はウィルスから生まれた。そして進化し続けたのち、人間になったのだ。人間のＤＮＡとチンパンジーのＤＮＡの違いは、わずか１％だ。その１％はウィルスの差である。これから人間にもウィルスが入り、進化して次世代になる。進化のプロセスは、人間も種と同じ。すべては、最初から最後までつながっているのだ。

本物のオーガニック野菜。

私たちは、オーガニックという言葉だけに依存してはいないだろうか。実際は何を選択し、行動しているのだろうか。もう一度考えよう。種を守り次の世代へつないでいくためには、自然への意識を変えて、未来への選択をするための行動が必要だ。「アクションは最高のツールです」ムーア氏の活動は、これからも続いていく。

プロフィール

社会企業家　ジョン・ムーア 氏

1951 年アイルランド生まれ。幼い頃は学校が終わると庭、週末は山で遊ぶ日々を過ごす。大学卒業後は、教育現場を経験したあと、米国の大手広告代理店でコピーライターとして活躍、数々の受賞歴を持つ。その後日本の大手広告代理店にヘッドハンティングされて来日。世界中に出張して現地で植物を育てる農民たちと仲良くなる。現在は自然の大切さを多くの人に伝えるべく、植物の固定種を次世代につなぐ活動をしている。

地球と共生するビジネスの先駆者たち　第9話

先進国と途上国をカーボンオフセットとEGAOでつなぐ

株式会社PEARカーボンオフセット・イニシアティブ
代表取締役　松尾 直樹 氏

世界のエネルギー問題を、先進国と途上国との関係性から考える

「世界には70億の人がいる。そのうち約20％弱、12億人もの人々が電気のない生活を送っている。電気にアクセスできれば、彼らは〝機会〟を得られる。私はそれを援助ではなく、ビジネスを通した〝支援〟としてやっていきたい」

松尾氏は遠慮がちに、しかし確固たる信念をうかがわせる口調でそう語った。松尾氏の考える〝機会〟や〝支援〟とは、どのようなものだろうか？

地球温暖化問題のプロでもある松尾直樹氏が代表取締役を務める、株式会社ＰＥＡＲカーボンオフセット・イニシアティブ。低炭素社会形成に向けての途上国エネルギー問題の自社プロジェクトの取り組みと、カーボンオフセットサービスを二本の柱に、２００７年に設立された。いまでは途上国事業を計画中の企業のコンサルティングも行っている。

カーボンオフセット。これは環境問題への意識が高い人にとっては馴染みのある言葉かもしれないが、まだまだ一般には浸透していない。簡単に言えば、ある場所で排出した二酸化炭素（CO_2）などの温室効果ガスを、他の場所での排出削減によって間接的に相殺しようという考え方や活動のことである。

例えば日本では、毎日大量のCO_2をはじめとする温室効果ガスが排出されており、昨年発効したパリ協定の下で、２０３０年度に２０１３年比で26％削減するという目標を日本は公約したが、そのうち１％削減するだけでもかなりの労力がいる。

一方で発展途上国では、同量のCO_2を短期間で効率良く削減できる。それならば、その削減したという証を購入することで、日本は間接的だが削減を行うことができるだけでなく、エネルギーコストや公害の少ない経済を構築できる。途上国は削減証書を売ってお金が手に入る。双方にWin-Winとなるのがわかるだろう。単に購入するだけではなく、自らそのプロジェクトに直接関与することもできる。

このような先進国と途上国の共存関係を、明快に表現しているものがある。株式会社ＰＥＡＲカーボンオフセット・イニシアティブの会社ロゴだ（ＰＥＡＲはペアと呼ぶ）。一本の枝に生った洋ナシの一対のペア。一つは熟し、もう一つは青くてまだ若葉が茂っている。熟した洋ナシは先進国、まだ青く若い葉の茂った洋ナシは発展途上国を表している。二つはそれぞれ個別の

PEAR CARBON OFFSET

先進国と途上国の関係を表したＰＥＡＲのロゴ。エネルギー問題において世界の国々は、地球という巨大な家に生まれた兄弟なのだ。
PEAR = Partnership for Environmental Action eith Responsibility

ようで、実は寄り添った兄弟である。ＰＥＡＲのロゴには、そのような想いが籠められている。また社名のＰＥＡＲにも「先進国と開発途上国による、地球環境や持続可能な社会建設のための協働」という意味があり、さらにその協働は、当事者としての「責任感＝Responsibility」というモチベーションに基づくべきである、という考え方に立っているのだ。

世界人口の約６分の１が、電気のない生活を余儀なくされている

「電気へのアクセス」というフレーズに、もしかしたら違和感を覚えたかもしれない。

私たち日本人にとって、電気はボタン一つでいつでもどこでも意識せずに手に入るもの。そして電気を使っていない機器はほとんどない。だから「電気へのアクセス」という表現に違和感を覚えてしまうのだ。

しかし、世界にはいまだに12億人も電気にアクセスできない人がいる。南アフリカ、エジプトや都市部を除いたアフリカ大陸、インド、バングラデシュ、ミャンマー、パキスタン、カンボジアなどの南アジアの地方、例えば、エチオピアの地方では90％の人々に電気が届いていない。彼らはまるで江戸時代の私たち日本人のように、現代においても、灯油やロウソクの明かりを頼り

に夜を過ごしている。

では、彼らが〝電気のいらない生活〟をしているのかというと、そうではない。興味深いことに彼らのほとんどが携帯電話を持っている。テレビも冷蔵庫も照明器具もないのに、携帯電話は持っているのだ。当然、充電設備はない。僻地の村人が一日かけて水を汲みに行くように、彼らは往復数時間をかけて携帯電話の充電をしに行く。もちろん、お金を払ってだ。つまり、彼らは電気を必要としている。しかし、送配電線が彼らの住んでいるところまで整備されるにはまだまだ時間がかかる。電話という通信機器は持っていながらも、照明をはじめ、娯楽やネット環境へのアクセスなどはできないという、かなりいびつな状況にあるのだ。

独立型ソーラーホームシステムで、貧しい人たちにも電気のある生活を

12億人の電気へアクセスできない人に対して、松尾氏が具体的に取り組もうとしていることがある。それが独立型のソーラーホームシステムの普及だ。電気を届けるためには、発電した場所から使用する場所へ送電する仕組みが必要。しかし先にも述べたように、彼らの住んでいるところへ送配電線が配備されるのにはまだまだ時間がかかる。電力会社の電線による配電では、いつになったら彼らが気軽に電気にアクセスできるかはわからない。

発電、充電、送電の３つの役割を兼ね備えた、独立型ソーラーホームシステム「ＥＧＡＯ」。さらに19インチのテレビをセットにして、本年中にリリース予定だ。

一方で、独立型の発電システムがあったとしたら、どうだろう？　太陽光パネルを屋根に仕掛け、昼間のうちに発電した電気をバッテリーに貯めておいて夜に使用する。〝電気の地産地消〟と言ってもいいだろう。さらにＬＥＤ照明器具もセットになっており、買ったその夜からすぐ電気のある生活を味わうことができる。もしもそれが非常にコンパクトなサイズで、しかも1～2万円で買えるとしたら？

電気のない生活をしている彼らは灯油を使っているが、その灯油代も決して安いものではない。一回あたりの額は低くとも、生活のために常に買い続けるとな

薄型軽量のため、藁葺きの屋根でも簡単に設置が可能。これだけコンパクトにもかかわらず、夜間を快適に過ごすだけの電力を充分にまかなえるという。

ると、「塵も積もれば山となる」だ。一方でソーラーシステムは一度買えば故障するまで数年間使用できる（保証期間内であれば無料での修理対応が可能）。分割で購入すれば、月々の支払いは灯油代および携帯の充電代と変わらない。支払いが終われば、あとはコストもかからない。また、スポットライトに過ぎないソーラーランタンよりはるかに明るく、複数の部屋を照らすことができる。株式会社PEARカーボンオフセット・イニシアティブが提案する独立型ソーラーホームシステム「EGAO（えがお）」は、このようなコンセプトで開発され、裕福でない人にも電気のある生活を気軽に享受してもらうことを目的としている。

必要なのは、電気そのものより「電気がもたらす新しい生活」

とはいえ、ＥＧＡＯの開発とリリースが順調であったかというと、そうではない。未電化家庭用ソーラー製品において、株式会社ＰＥＡＲカーボンオフセット・イニシアティブは後発だからだ。現在、ＥＧＡＯは1号機が完成しているが、これは販売チャネルに乗せるには至らなかった。先発の海外企業が完成させた同種のものに先を越されてしまったのだ。

「私たちのような中小・零細企業は、人と資金とスピードで大手にはどうしても勝てない。でもそれなら他の部分でアイデアを出し、先発になればいい」

松尾氏はＥＧＡＯ2号機の開発に舵を切った。2号機開発において、新しくコンセプトに加わったもの、それが「製品としての魅力」だった。電気は結局、ただのエネルギーである。それを用いて何ができるか、が重要だ。

例えば、携帯電話で考えてみよう。世界的に携帯電話市場は飽和状態だ。すでにあるパイを複数の企業が獲り合う状態になっている。当然、携帯電話の周辺機器や部品においても、すでにアイデアは出尽くしている状況と言っていい。ソーラーホームシステムを、彼らの現状の生活――電気はないが携帯電話はある生活――に焦点を当てて、充電器や簡易照明などを考えていただけでは、もう遅いのだ。それよりももう一歩先。電気を手に入れた12億の人たちが、電気を使って何をしようとするか。彼らが求める次のものは何か。それがＥＧＡＯ２号機の重要なポイントとなった。

松尾氏が導き出した結論、それは「娯楽」である。現在のソーラーホームシステムとテレビをセットにするのだ。「エンタテイメントは生きるための必需品ではないが、とても人の心をドライブさせるもの。その次にエアコンや冷蔵庫が来る。テレビを駆動させるところにフォーカスすれば、それ以外のものも動かせる。まさに〝大は小を兼ねる〟」である。

もちろん、１号機よりもより大量の電気を充電できるバッテリーや、それに伴うサイズの改良も考えなければならない。しかしその問題はほとんど解決していると言う。19インチのテレビがセットになったソーラーホームシステム「ＥＧＡＯ２号機」のリリース価格は、日本円で３万円程度。24回払いであれば、月１５００円程度と、彼らの灯油および携帯電話充電代とさほど変わらない。まさに彼らに電気と新しい生活を提供できるアイデアである。照明だけではなくテレビという娯楽を手に入れ、地元選手のプレミアリーグでの活躍に歓喜したり、ニュースを家族で楽しむ彼らの姿が目に浮かぶようだ。さらに、テレビ付きのソーラーホームシステムを提供している競合他社はまだ少ないので、株式会社ＰＥＡＲカーボンオフセット・イニシアティブはこれをパイオニアとしてアピールすることもできる。松尾氏の会心のアイデアは、この夏にも本格的に動き出す予定だ。

ＥＧＡＯの普及に秘められた、二つの大きな想い

ＥＧＡＯのビジョンは、これだけにとどまらない。松尾氏はさらに〝機会〟と〝支援〟という側面から、ＥＧＡＯの普及を考えている。

まず〝機会〟の側面から見ていこう。電気のない生活を強いられると、まさに日の出とともに起き、日の入りとともに眠る生活を余儀なくされる。灯油ランプやロウソクの火があるとはいえ、今の彼らの生活はこれに近いものがある。しかしＥＧＡＯによって電気を手に入れた彼らは、新しく生まれた時間を使う〝機会〟をも同時に手に入れられる。勉強の時間を取ったり、家族で団らんをしたり、現金収入の家内手工業や、零細商店の場合には営業時間が延びたり。それによっ

て享受できる生活レベルも上昇するだろう。また家々に明かりが灯ることで、犯罪抑制にもつながると考えられる。何か新しいことを始めるために、立ち上がれる可能性も出てくるかもしれない。実際に電気を手に入れた彼らがそれを何に使うかまでは決められないが（決めるべきではないが）、それでも何か新しいことを始める〝機会〟を提供することは可能だ。

次に〝支援〟としての側面だ。松尾氏はＥＧＡＯを無償ではなく、あくまでもビジネスとして有料で提供しようと考えている。これは単に金儲けをしたいからではなく、彼らと対等な目線を維持したままエネルギー問題へ貢献したいと考えているからだ。

「無償で提供することは〝施し〟になる。ビジネスとして対等な取引にすれば、彼らの尊厳を守ることもできる」

東日本大震災では、多くの人から義援金やボランティア活動などの援助が行われた。松尾氏はこれを否定しない。しかし松尾氏が実践したのは、壊滅的打撃を受けた牡蠣の養殖業者への注文だった。三年後の納品を約束に発注し、支払いを済ませた。彼らは現金を得られ、それを元手にビジネスを立て直し、そして松尾氏は三年後に牡蠣を得られる。ビジネスとしての取引のため、尊厳を保つことができる。このような考え方が、ＥＧＡＯの普及の根底には秘められているのだ。

ＥＧＡＯが世界の「電気を持たない人たち」を笑顔にする

環境問題や地球との共生を考えるとき、切っても切れないのが「私たちの経済的成長の問題」だ。自然には自浄作用がある。人間がある程度地球を汚しても、地球は時間をかけて自浄してくれる。しかし、環境汚染がある一定ラインを超えてしまうと、その自浄作用は追いつかなくなってしまう。それが顕在化したものが、「環境問題」や「地球温暖化」などである。例えば日本では一人当たり10トンものＣＯ$_2$を排出している。これを物理的にゼロにすることは、もう難しい社会になってしまったのかもしれない。私たちはそこまで経済的な発展を済ませてしまった。

では、もう私たちにはどうすることもできないのだろうか？　松尾氏はそれにＮＯを突きつける。「このまま行けば、私たち人間はますます環境を汚染していく。でも、一人ひとりが自分をコントロールする意識を持てば、そのスピードは緩やかにできるし、もしかしたら地球との共生も可能かもしれない」

ダイエットを例に考えてみてもらいたい。消費するカロリーに対して食べ過ぎるから太ってしまう。バランスを考えずに栄養が偏るから、どこかに不調が起こる。もしも消費カロリーを自覚し、それに見合った食生活を心掛ければ？　栄養バランスの整った食事や、適度な運動を怠らないように、自分をコントロールできるとすれば？　人間と地球の関係も、これと同じである。

「法律や条例で自由を規制してしまうのも、エネルギー問題の税金を制度化するのも方法の一つ。でも、個人レベルでも何かできるはず。『何事も腹八分目』と考え、手の届くところからでいいので、始めてもらいたい」

「松尾氏にとってのできること＝ＥＧＡＯの普及」である。電気にアクセスできない12億人に届けるために、まずは1億人。その前に1万人への普及活動を始めている。大手ディストリビューターだけに限らず、小規模販売事業者や中古車市場、ガソリンスタンド、ＵＡＥの出稼ぎ労働者の家族へのギフトなどに販路を広げ、さらに2号機完成の暁には、自身が直接現地へ赴いてデモンストレーションを行い、販促活動をする予定だ。

「もしもＥＧＡＯを1億人に届けられたら、それだけでも東電の2倍ですよ」

松尾氏は最後に、照れくさそうな笑顔でそう言った。株式会社ＰＥＡＲカーボンオフセット・イニシアティブのＥＧＡＯが、世界の〝電気を持たない人たち〟を笑顔にする日も、そう遠くはないだろう。

プロフィール

株式会社ＰＥＡＲカーボンオフセット・イニシアティブ
代表取締役・理学博士　松尾 直樹 氏

1961年滋賀県生まれ。大阪大学理学部にて理論物理学を専攻。理学博士となる。1991年より、日本エネルギー経済研究所、地球環境戦略研究機関（ＩＧＥＳ）、地球産業文化研究所にて気候変動問題およびエネルギー問題の政策研究を行った後、2002年に有限会社クライメート・エキスパーツを設立。世界最初のＣＤＭ方法論の承認を獲得する。2007年に株式会社ＰＥＡＲカーボンオフセット・イニシアティブを設立。慶応大ＳＦＣで客員で教鞭を執るかたわら、2017年７月からＩＧＥＳにも部分的に復帰。地球温暖化・エネルギー問題に関して「コンサルティング」「途上国エネルギーアクセス事業開発」「高等教育」「戦略研究・政策提言」の４つのエリアで活動をしている。

地球と共生するビジネスの先駆者たち　第10話

地球と共生するビジネスの先駆者たち　第10話

吉野川から世界へ、自然と共生する営みの豊かさを発信

NPO法人吉野川に生きる会　代表　島勝伸一氏

「NPO法人　吉野川に生きる会」の誕生

吉野川は四国4県のうち高知県、徳島県を流れる河川だ。支流と分水まで含めると四国4県すべてにまたがる。日本の三大暴れ川として知られ、『四国三郎』の異名も持つ。

「吉野川の自然環境を壊さないよう、自然の恵みに感謝する農業をやっていこう、阿波の歴史・文化で観光を活性化しよう。そんな方針を明確にして設立した」

ＮＰＯ法人吉野川に生きる会の代表である島勝伸一氏はそのように語る。島勝氏は徳島県美馬郡郡里町の山間部で１９４７年に生を受けた。１９７３年に結婚をし、義父と倒産した叔父のスーパーマーケット運営に携わるようになった。ちょうど世の中が大量生産・大量消費の時代へ突き進んでいた頃である。順調に回復したスーパーマーケット経営だが、１９８４年にもらい火事で全焼し、再開するまで2年の歳月を要することになった。その後、経営自体も島勝氏が見ることになり、晴れてスーパーマーケットの経営者となったのだ。

「当時としては珍しい地元の農家、漬け物業者、味噌、醤油など加工業者などから直接出品納入スタイルを一部取り入れた地元密着の経営を目指しました。ただ、多くの商品が流通の変化で、大量消費大量買い付けに有利な価格中心の競争が始まり、スーパーマーケット経営の将来に不安を感じるようになったのです」

スーパーマーケットの売上は火災前を上回り、堅調に成長を続ける。しかし、島勝氏の心のうちはなかなか晴れない。それは、店舗で扱う食品などの流通形態が急速に自然界の循環から離れていくのを感じていたからだ。

「昔の日本は自然の循環の中で育まれた食材があり、自然と共生した食生活が存在していました。しかし、心のどこかで一次産業から離れている自分に疑問を感じていました」

その後、スーパーマーケットの経営から身を引き、学習塾を始める中で、大学進学生のための部屋探しネットワークを設立。全国の不動産業者と繋がる中で、賃貸仲介管理の不動産会社を設立する。設立十年でアパマンショップに加盟し順調に伸びていった。２００７年、還暦を迎え、会社は子供と社員たちに引継ぎ、代表を降りた。第2の人生をどのように生きるか。そう考える島勝氏に6次産業の勉強会参加の誘いが舞い込んだ。参加すると、驚きの連続であった。特にさまざまな地域の町おこしの成功事例を目の当たりにし、大きな刺激を受ける。中でも最も刺激を受けたのは四万十川の地域おこしの実例であった。四国第5位以下の水質である四万十川は「最後まで残った清流」というキャッチコピーで全国的に広く知られている。数々の農産物も四万十川にあわせて知名度は全国的である。

「いや、これなら四国一の清流吉野川の方がすごい。吉野川ならもっとすばらしいことができるかもしれない」

徳島県生まれで『四国三郎』と称される大河のもとで育った島勝氏はこのような想いを抱き始めた。それから吉野川についての勉強を始める。例えば、源流は高知県瓶が森、そして途中で愛媛県からの銅山川と合流し、香川県へ分水している。四国四県をつなぐ大河であり源流から河口まで全長194㎞。しかも池田ダムから河口の徳島市川内に至る82㎞は真西から真東へ直線で流れ、日照時間が長い日本でも類をみない川なのだ。地質も中央構造線の南側は太平洋プレートが隆起したミネラルをたっぷり含む大地が広がり、堆積地層のため山頂まで水脈があり植物の繁殖、農林業にも最適の土地である。

また同時にその頃、大変興味深い書籍に出会う。三村隆範氏の『阿波と古事記』である。この本に出会い、かつて『邪馬壱国は阿波だった―魏志倭人伝と古事記との一致』（新人物往来社1976年発刊）という本を読み、感銘を受けたことを思い出すことになる。

「ここに生きる私たちは、もう一度大自然の循環の中の農業という人の根源を成す視点から吉野川を見直し、さらに、この地を見直すことができるのではないかと考えました。そして、この素晴らしさを多くの人と共有したいという想いが強くなったのです」

自然と共生する社会づくりのモデルケースをつくる。島勝氏はその想いを胸に、2010年6月に、NPO法人吉野川に生きる会を設立した。あの6次産業化の勉強会に初めて参加してから3年の月日が流れていた。

1次産業と他の産業のネットワークをつくる

「吉野川に生きる会」の農業方針は冒頭でも紹介したように「吉野川の自然環境を壊さないよう、自然の恵みに感謝する農業をやっていこう」「阿波の歴史・文化で観光を活性化しよう」である。人間に合わせた土地利用ではなく、自然界の循環法則に合わせた農業を基本姿勢にすべく模索を始めた。

以前読んだ『奇跡のリンゴ』の木村秋則式自然栽培を実践している人たちと交流を深め、この農法で作物をつくることを決意する。吉野川には菜の花が似合うし、初めての農業でも、自生するほど環境に適した作物ならつくれるだろうという理由から菜の花を選んだ。「菜の花を見て楽しみ、ハチミツを採り、種からは油を、殻は焼いて釉薬《ゆうやく》に使おうと4度美味しい計画を立てました」と島勝氏は笑う。

木村秋則式の自然栽培が行われている農園（まわりの畔には雑草が生い茂る）。

米は1965年頃まで西日本で広く栽培されていた「うるち米あけぼの」を選んだ。昭和45年以降、日本は生産調整により、品種改良が進み、より甘い、モチモチした米がつくられるようになった。しかし、あえて、日本人がもともと食べていた晩成種、硬質米を選んだ。収穫後、半分は飯米で販売し、半分は酒を造ることにした。米は次の春になると古米になり価格が急落する。「そこで米を加工することで、付加価値の高い酒をつくることにしました」。

ところが、初めての酒づくりを引き受けてくれる酒蔵が見つからない。「『泡盛で阿波を盛り上げる会』という、泡盛と徳島の地酒を飲みながら沖縄と徳島を結び徳島を活性化しようとしている笠井栄二氏の紹介で鳴門鯛松浦酒蔵場松浦素子社長が引き受けてくれた。翌年すばらしい酒が出来た。残留農薬がまったくない米のため、微生物が活発に活動をしたのではないかと思っています」と島勝氏は語る。そして、この、無農薬の米ときれいな水と微生物とそれを引き出してくれた酒蔵の皆さんに感謝し、「純米原酒ありがとう」と命名し、何も足さない、何も引かない純米原酒として売り出した。さらに、その際の酒粕を「もったいない」と命名し、「本格焼酎もったいない」も誕生させることになる。この取り組みは単に米を売るのではなく、お酒にすれば米の生産者から毎年手堅い金額で買い上げることができるという島勝氏の考えから生まれたもの。農家の苦労が報われ、農業人口が増え、農業が栄えて国土が荒廃しないでほしい。水田は保水力があり、地球温暖化や生物多様性社会に大いに貢献できる。島勝氏のこんな想いがこの取り組みを後押しした。

「純米酒ありがとう」のチラシ。

「ここ数年6次産業化はブームとなっています。しかし、一次産業に従事する人たちがコストをかけ、無理をして商品をつくったりすることが6次化の本質ではないと思っています。1次産業が他の産業と連携してネットワークを形成し、事業を生み出すことだと考えています。1次産業、2次産業、3次産業がつながれば、それぞれの産業で積み上げてきた知識と技術を活用し、お互い譲り合って成果を分け合うことができます。そうすれば持続可能な再生産体制が構築できると確信しています」

すべてと共生する生き方を

島勝氏の取り組みは自然を人間の繁栄のためだけに利用するのではなく、他の生物や地球上の微生物と折り合いをつけた共生する生き方を教えてくれている。そのためには人間が少しの我慢も必要、と島勝氏は語る。また、吉野川を通じた農業の取り組みの中で新たな発見として土壌菌の存在を挙げてもらった。「農業に取り組むことで土壌菌の偉大さに改めて気づかされました……」と前置きした後に以下のようなバイオマストイレの構想を語ってもらった。

「現代の下水道システムは約100年前に英米で実施されたものです。便器から水で流したら見た目は綺麗になりますが、下水道を通って何十㎞も先の浄化センターに辿り着きます。そこで、「活性汚泥法」という嫌気性菌と好気性菌を別の槽で働かせ汚物を沈殿させ、上澄み液を滅菌し、海へ流すのです。沈殿した汚泥は石油で燃やし固め埋め立てます。地下の下水道は東京23区だけで最大直径8・5mの地下道が1万5800㎞も存在します。なんと東京・シドニー往復の距離に達するものです。ちなみに、四国だけでも吉野川の総延長の48倍もの下水道が埋まっています。当然、埋め立て地も少なくなり、陥没事故も多いですが、地震などあると寸断され、トイレパニックが発生します。復旧に数年単位と莫大な費用がかかるのです。自然の川や海では水草や海草に住みついた微生物が有機物を食べて浄化する自然界の循環システムがあるのですが、おかげさま式バイオマス浄化槽は水草の代わりに化学繊維でバイオの住み家をつくり、好気性・嫌気性両方の菌を同時に働かせ、汚泥が出ないという仕組みです」

この地産地消のバイオマストイレは日本のような地下下水道をつくりにくい複雑な地形や細かく区切られた地域には最適のシステムといえる。まだ、実績は少数だが、すでに富士朝霧高原トイレは便器数126基、1日最高1万2000回使用されている世界最大のバイオマストイレがある。約11年間故障なしで累計50万回使用されており、汚泥は年間でスーパーの買い物袋1杯程度で、便所特有の悪臭がまったくない。西日本では、岡山県津山市横野滝公園トイレがある。便器数８基、１日利用客２００人ほどの小規模のものだが、約７年経過した現在１日あたり３００名分を浄化することができるようになっている。まさに、微生物が環境に適応して性能がアップすることがわかる。

バイオマストイレのデモ機（'17グッドデザイン賞二次審査会）。

「四国ではしろとり動物園（香川県）に採用され、浄化した水はカバのプールや園舎の清掃用に循環再利用されています。バイオマス浄化槽は初期コストは割高に映りますが、ランニングコストの大幅削減、省エネによる環境破壊、地球温暖化阻止に貢献できる点ははかりしれない導入効果があるはずです」

さらに、島勝氏の共生の想

いは前出の菜の花にも及んでいる。菜の花畑でミツバチの姿を見なくなって久しい。ナナシキブ(関東以西で一般的な品種)の花は、体に良いとされるオレイン酸を多く含む油が取れるよう、品種改良されたF1種。人間の都合で自然の形を変えたものに、ミツバチという小さな生き物は敏感に反応し、寄りつかないことを目の当たりにした。

「その事実に気が付いた時、『地球46億年全史』のある一文が胸に迫りました。私たちの1次産業への取り組みと生き方は、地球の営みに合わせた生き方でなければいけないのではないでしょうか。この偉大なる生命の星・地球は、プレートの配置の結果が、海洋や山、陸地等の地質を決め、気候を決め、生物の生態すべてを支配し、すべての文化全体が地質の影響を受けています。例えば、日本は巨大な沈み込み地帯の辺縁部にあるのだから、建物でいえばコンクリートより昔ながらの木と紙の家の方が適しているのは当然です。ひょっとすると、八百万の神を信仰する神道は、落ち着かない地球をなだめる方法を人々に教えていたのかもしれません」

毎年、春の訪れと共に吉野川に生きる会主催の「菜の花フェスタ」が地元である吉野川市川島城で開催される。菜の花という身近な存在から人間と地球の関係性を改めて考え直す良い機会になるだろう。

私たち人間は自分たちも自然の一部だということを忘れてしまっていないだろうか。例えば私たちは大気を呼吸しているが、大気は人間が製造したものではない。故に人間は自然に「生かせてもらっている」わけである。空気に含まれる酸素の割合が減ってくるだけですぐに「高山病」という病気になるのが人間である。酸素は自然界の植物が生み出しているのだから、私たちはこの自然界とまさに一体であり、その一部であることは自明の理である。

「自然に感謝して生きていくのが本来の人間の生活であったが、いつの間にか『人間は科学技術の力で何でもできるから、自然を道具として、他の動物たちを従えて、人間だけが発展できればよろしい』というキリスト教創世記的な考え方に染まってきたのではないでしょうか」

これからも吉野川と共に、その肥沃な大地で自然と共生する生き方を模索し続ける島勝氏。また最近「死ぬまで元気に働き、働きながら死ぬ」という島勝氏の生き方をそっくり歌詞にした「生涯現役宣言」を作詞したチームありがとうの室谷早智子氏と出会いその活動に積極的に参加している。今後、島勝氏の取り組みが全国にも波及することを期待したい。

プロフィール

ＮＰＯ法人吉野川に生きる会
代表　島勝 伸一 氏

1947 年、徳島県生まれ。義父とスーパーマーケット経営に携わりながら、後に経営者として店舗運営のすべてを任されることに。その後、学習塾運営を経て、アパート、マンションなどの不動産仲介管理会社ありがとうございます㈱を設立する。60 歳で現役を退き、2010 年に NPO 法人吉野川に生きる会とその会をサポートするおかげさま㈱を設立する。地元吉野川市を中心に自然と共生する農業、観光事業の取り組みを推進している。
※写真＝前列左から2人目が代表の島勝伸一氏

カナリアコミュニケーションズの書籍のご案内

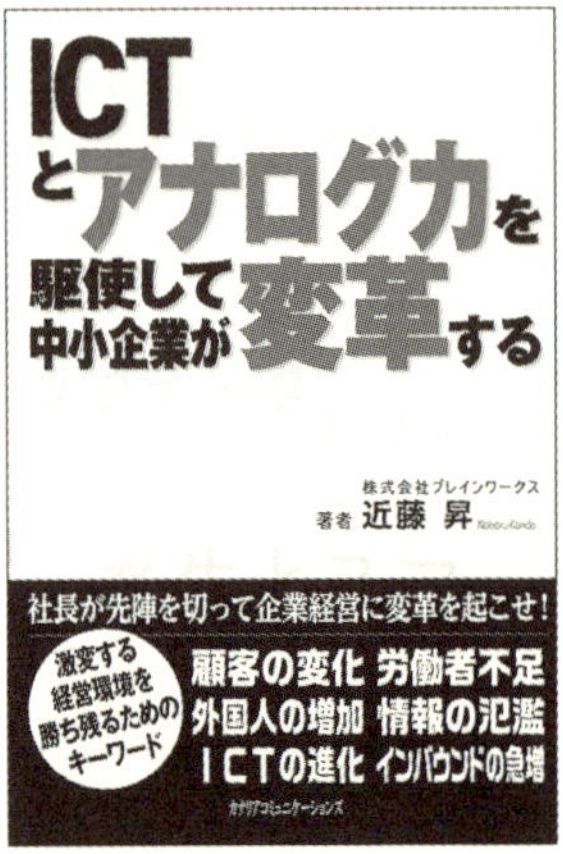

2015 年 9 月 30 日発刊
価格 1400 円(税別)
ISBN978-4-7782-0313-9

ICT とアナログ力を駆使して中小企業が変革する

近藤　昇　著

第1弾書籍「だから中小企業のIT化は失敗する」(オーエス社)から約 15 年。この間に社会基盤、生活基盤に深く浸透した情報技術の変遷を振り返り、現状の課題と問題、これから起こりうる未来に対しての見解をまとめた1冊。

中小企業経営者に役立つ知識、情報が満載!!

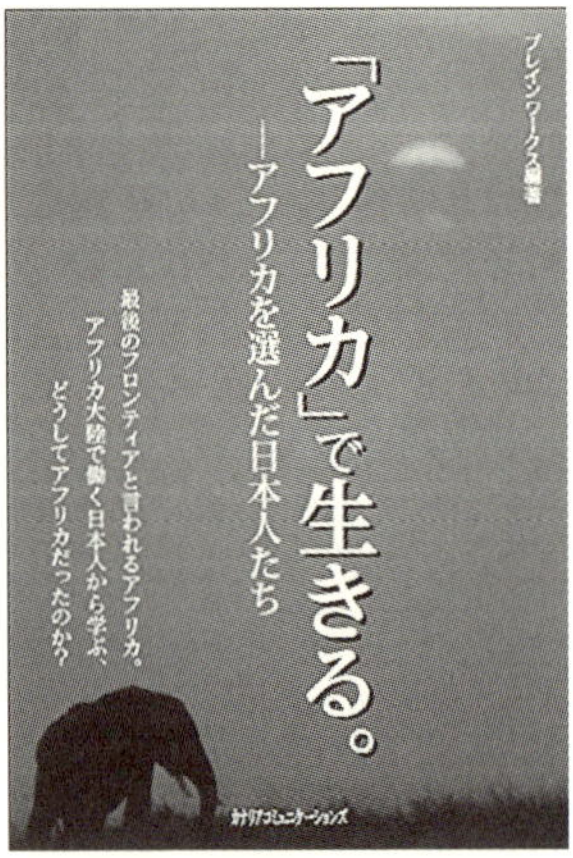

2017 年 4 月 20 日発刊
価格 1400 円(税別)
ISBN978-4-7782-0380-1

「アフリカ」で生きる。

ブレインワークス　著

まだ手がつけられていない事業領域が山ほどあるアフリカ。退路を絶って新しい地平を望む人には、わくわくしてしかたがないでしょう。アフリカ大陸での生活はどんなものか?貧困や感染症は? といったことはもちろん、青年海外協力隊、NPO 活動、NGO 活動、ボランティア活動、起業、ビジネス……など知らなかったアフリカがここにあります。

カナリアコミュニケーションズの書籍のご案内

2012年7月12日発刊
価格1500円（税別）
ISBN978-4-7782-0227-9

メコンの大地が教えてくれたこと—大賀流オーガニック農法が生み出す奇跡

大賀　昌　著

今、日本で騒がれている『農業の六次産業化』は、既にアジアで始まっていた。農業大国タイで、日本人が画期的なオーガニック農法で大成功。その技術を世界に広げている著者の軌跡とそのビジョンに迫る。

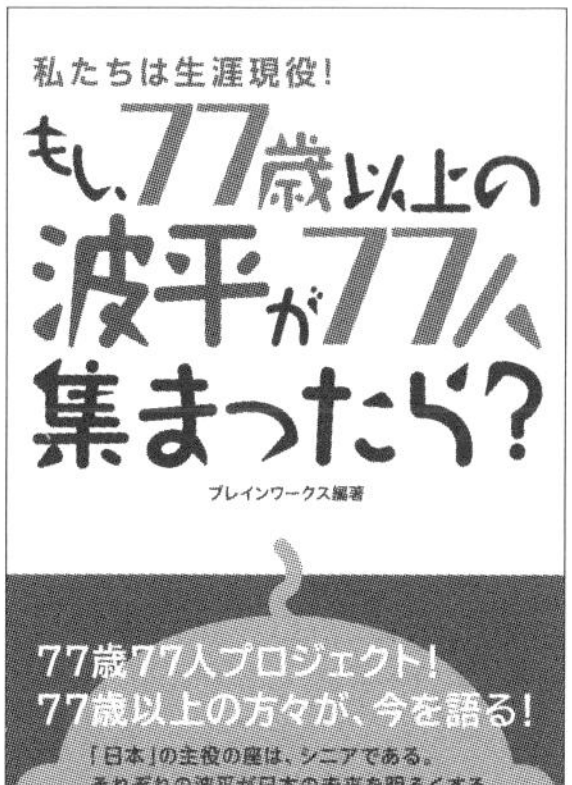

2017年2月8日発刊
価格1300円（税別）
ISBN978-4-7782-0377-1

もし、77歳以上の波平が77人集まったら?~私たちは、生涯現役!~

ブレインワークス　編著

私たちは、生涯現役!
シニアが元気になれば、日本はもっと元気になる!

現役で、事業、起業、ボランティア、NPOなど各業界で活躍されている
77歳以上の現役シニアをご紹介!「日本」の主役の座は、シニアです!
77人のそれぞれの波平が日本の未来を明るくします。
シニアの活動から、日本の今と未来が見える!

カナリアコミュニケーションズの書籍のご案内

2016 年 10 月 15 日発刊
価格 1300 円（税別）
ISBN978-4-7782-0369-6

もし、自分の会社の社長が AIだったら？

近藤　昇　著

ＡＩ時代を迎える日本人と日本企業へ捧げる提言。実際に社長が日々行っている仕事の大半は、現場把握、情報収集・判別、ビジネスチャンスの発掘、リスク察知など。

その中でどれだけＡＩが代行できる業務があるだろうか。
10 年先を見据えた企業とＡＩの展望を示し、これからの時代に必要とされるＩＣＴ活用とは何かを語り尽くす。

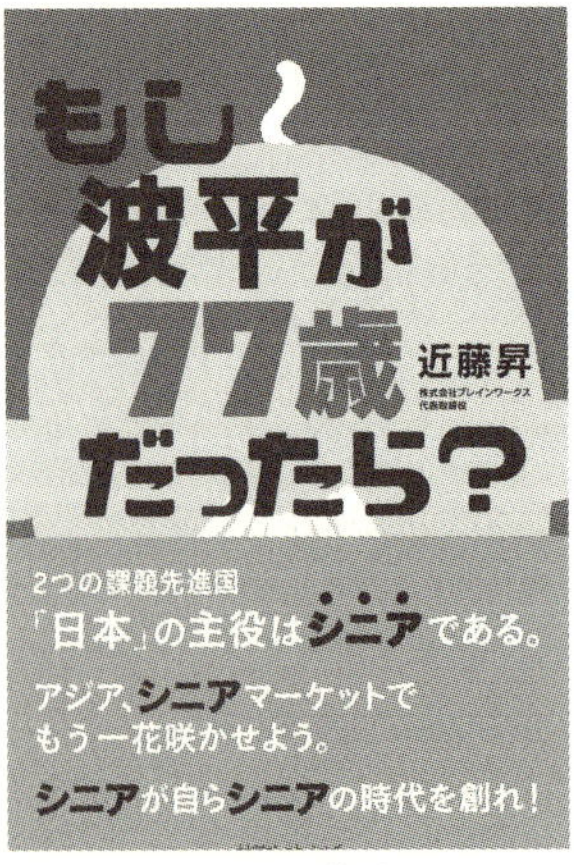

2015 年 12 月 20 日発刊
価格 1400 円（税別）
ISBN978-4-7782-0318-4

もし波平が 77 歳だったら？

近藤　昇　著

人間は知らないうちに固定概念や思い込みの中で生き、自ら心の中で定年を迎えているということがある。

オリンピックでがんばる選手たちから元気をもらえるように、同世代の活躍を知るだけでシニア世代は元気になる。

一人でも多くのシニアに新たな希望を与える一冊。

カナリアコミュニケーションズの書籍のご案内

吉野川に生きる
ふるさと徳島を愛し、郷土に生きる人々の横顔
吉野川に生きる会／ブレインワークス　著

徳島を愛し、吉野川を愛する人たちの故郷に対する熱い思いを凝縮。
吉野川の素晴らしさ、阿波の歴史の奥深さを知るには最高の1冊。
郷土を愛し、郷土に生きる人々の横顔を紹介。本当の地域再生とは何か。徳島に生きる、吉野川に生きる人たちの活動にそのヒントが隠されている。

2016年7月29日発刊
価格1200円（税別）
ISBN978-4-7782-0362-7

日本の未来を支えるプロ農家たち
一般社団法人アジアアグリビジネス研究会　編著

人口減少化が進み、国内市場はさらに縮小することが予想される日本の農業。衰退産業と思われるなかで、新しいビジネスモデルを目指して挑戦する農家にスポットライトを当て、これからの農業のあり方を問う。

2015年11月30日発刊
価格1200円（税別）
ISBN978-4-7782-0319-1

〈著者プロフィール〉
ブレインワークスグループ
創業以来、中小企業を中心とした経営支援を手がけ、ＩＣＴ活用支援、セキュリティ対策支援、業務改善支援、新興国進出支援、ブランディング支援などの多様なサービスを提供する。ＩＣＴ活用支援、セキュリティ対策支援などのセミナー開催も多数。特に企業の変化適応型組織への変革を促す改善提案、社内教育に力を注いでいる。一方、活動拠点のあるベトナムにおいては建設分野、農業分野、ＩＣＴ分野などの事業を推進し、現地大手企業へのコンサルティングサービスも手がける。2016 年からはアジアのみならず、アフリカにおける情報発信事業をスタート。アフリカ・ルワンダ共和国にも新たな拠点を設立している。
http://www.bwg.co.jp/

地球と共生するビジネスの先駆者たち

2017 年9月 15 日〔初版第 1 刷発行〕

著　　者　ブレインワークス　編著
発 行 者　佐々木紀行
発 行 所　株式会社カナリアコミュニケーションズ
〒 141-0031 東京都品川区西五反田 6-2-7 ウエストサイド五反田ビル３Ｆ
ＴＥＬ 03-5436-9701　ＦＡＸ 03-3491-9699
http://www.canaria-book.com
印 刷 所　本郷印刷株式会社
装　　丁　田辺智子デザイン室
Ｄ Ｔ Ｐ　宮部直樹

ISBN978-4-7782-0406-8 C0034